# Umrisse

zu

# Carl Johann Bernhard Karsten's

## Leben und Wirken.

Berlin.
Druck von Georg Reimer.
1854.

# Umrisse

zu

# Carl Johann Bernhard Karsten's

## Leben und Wirken.

Die folgenden Blätter, auf denen ich versucht habe ein Bild von dem Leben und der Thätigkeit meines Vaters zu geben, habe ich alle Ursache der Nachsicht der Leser zu empfehlen.

Sehr wohl weifs ich, in wie vielen Beziehungen meine Darstellung mangelhaft ist, schon dadurch, dafs ich über die praktische Thätigkeit so wie über den gröfsten Theil der schriftstellerischen Arbeiten meines Vaters nicht als Sachkundiger zu sprechen vermochte.

Ein beklagenswerther Umstand kam hinzu, welcher eine genügende Bearbeitung erschwerte, es ist dies der Verlust der Tagebücher, welche mein Vater, wenn auch nur in kurzen Notizen, doch regelmäfsig geführt hatte. Dafs ich es dennoch nicht unterlassen habe, den folgenden biographischen Abrifs zu schreiben, ist dem innigen Wunsche des Sohnes zuzuschreiben, dem geliebten und verehrten Vater ein kleines Denkmal der Dankbarkeit zu setzen, und dem Bestreben, einem edlen, biedern und tüchtigen Charakter die Anerkennung zu zollen, welche er in so hohem Maafse verdient, ob er sie gleich in seiner Bescheidenheit niemals in Anspruch nahm.

Passend erschien es mir auch, grade dieses Werk, das Archiv, welches mein Vater durch 35 Jahre mit unermüdlichem Eifer geleitet hat, mit einem Abrisse seines Lebens abzuschliessen. Als einen solchen Anhang wird man die Skizze gelten lassen, etwa auch als einen kleinen

Beitrag zur Geschichte des Berg- und Hüttenwesens, in welcher vielleicht künftig ein Fachgenosse meines Vaters diesem mit richtiger und sachkundiger Würdigung seinen Platz anweisen wird.

Die erste Periode von meines Vaters Amtsthätigkeit in den Jahren 1804—19 in Schlesien ist mit Hülfe von aktenmäfsigem Materiale beschrieben, welches ich der Güte und der Freundschaft des Herrn Geh. Ober-Berg-Rathes und Berghauptmanns v. Oeynhausen verdanke, wofür ich demselben meinen Dank hierdurch öffentlich abstatte.

Die Schilderung der späteren Jahre konnte sich leider nicht auf solche Materialien stützen, sondern beruht wesentlich nur auf hinterlassenen Briefen, Schriften und mündlichen Mittheilungen, welche viele sehr wesentliche Umstände nicht deutlich haben erkennen lassen.

Kiel im Juli 1854.

G. Karsten.

## 1. Karsten's Vorfahren.

Karsten's Familie stammt aus Meklenburg. Nur dürftige Nachrichten über die zu Anfang des vorigen Jahrhunderts lebenden Familienglieder haben sich erhalten; erst von der Zeit des Mathematikers Wenzeslaus Karsten an wissen wir Näheres anzugeben.

Die Lebensumstände von dreien Vorgängern unsres K., welche unmittelbar oder mittelbar von Einflufs auf seinen Lebensweg gewesen sind, verdienen hervorgehoben zu werden.

Der schon genannte Wenzeslaus Johann Gustav Karsten [1]) ward am 15. Dec. 1732 zu Neubrandenburg in Mecklenburg-Strelitz geboren. Sein Vater war Apotheker in jener Stadt, die Mutter die Tochter eines Apothekers aus Güstrow. Als im April des Jahres 1737 Neubrandenburg durch eine Feuersbrunst zerstört wurde, verloren Karsten's Eltern ihr ganzes Eigenthum und gingen nach Stargard, woselbst ihnen ein Paar Zimmer auf dem fürstlichen Schlosse angewiesen wurden. Den Sohn aber nahm der Grofsvater mütterlicher Seits, G. Thiel, Apotheker und Verwalter der Oekonomie der uralten Güstrower Domkirche, zu sich um ihn zu erziehen. Auch als K's. Vater 1741 nach Güstrow zurückkehrte, um als Notar beim dortigen

---

[1]) Materialien: 1) Handschriftliches und Briefe, 2) Notizen in K's. Schriften, namentlich in den physisch-chemischen Abhandlungen, 3) Notizen in D. L. G. Karsten's Nekrolog (s. u.), in F. Chr. L. Karsten's Leben (s. u.). und in L. v. Buchs Lobrede auf D. L. G. Karsten (s. u.).

Hofgerichte angestellt zu werden, blieb K. noch bis zum Tode des Grofsvaters, 1743, bei diesem. Es scheint als sei der Unterricht, den K. bis 1747 genoss, ein sehr dürftiger gewesen, erst in diesem Jahre erhielt er durch einen günstigen Zufall Privatunterricht in der Mathematik, die in ihm künftig einen so rüstigen Arbeiter erhalten sollte.

1750 entschlossen sich die Eltern, welche um diese Zeit auf einem adlichen Pachtgute, Pohnsdorff, gelebt zu haben scheinen, den Sohn auf der Universität Rostock studiren zu lassen, doch bestimmten sie ihn für die Theologie, so dafs K. in Rostock bis 1752 und in Jena 1752 bis 1754 vorzugsweise theologische und philosophische Vorlesungen besuchte, obwohl er daneben die ihm lieb gewordene Mathematik eifrig zu seiner Erholung privatim betrieb. Nach seiner Rückkehr von der Universität begann er Uebungspredigten zu halten und sich überhaupt ernstlich zum Predigerstande vorzubereiten.

Um diese Zeit waren durch Tod oder Versetzung alle Lehrstühle der Mathematik an der Universität zu Rostock verwaiset, K. glaubte deshalb bessere Aussichten für seine Zukunft zu haben, wenn er seiner Neigung für die Mathematik und der Aufforderung von Freunden, nach Rostock zu kommen, Folge leistete. Dorthin begab er sich zu Ende des Jahres 1754, promovirte am 26. Febr. 1755 zum Magister, und begann schon mit Ostern desselben Jahres als Privatdocent mathematische Vorlesungen zu halten. 1758 ward ihm die mathematische Professur zu Rostock übertragen, aber schon zwei Jahre darauf verliess er diese Stadt, um die gleiche Professur an der damals entstehenden Universität zu Bützow zu übernehmen.

Hier lehrte K. bis zum Jahre 1778 und trat, obgleich mit Arbeiten für seine Vorlesungen als Professor der Logik und Mathematik, überhäuft, doch noch als Verfasser zahlreicher Schriften auf, die ihm, wie namentlich sein

„Lehrbegriff der gesammten Mathematik", einen geachteten Namen unter den Gelehrten jener Zeit verschafften und ihn in Verkehr mit seinen berühmten Fachgenossen brachten. So namentlich mit seinem Lehrer in den ersten Universitätsjahren in Rostock, mit Aepinus, mit Leop. Euler und dessen Sohn J. A. Euler, später mit Lambert [1]), Kästner, Kennedy, la Grange, Silberschlag, Erxleben u. A. Die Verbindung mit Aepinus, mit welchem er, als dieser sich in Berlin befand, vom Jahre 1756 an, ebensowohl wie später nach Petersburg hin, in brieflichem Verkehre stand, verschaffte K. bald die nähere Bekanntschaft mit L. Euler, der von 1758 an mit ihm in dauernder freundschaftlicher Beziehung blieb und dem jungen Manne 1760 die Herausgabe seiner berühmten „theoria motus corporum solidorum" anvertraute [2]). Auf Euler's Aufforderung leitete K. dieses erst 1765 erschienene Werk durch eine Vorrede ein, welche mit Schärfe und Klarheit den Gang der Untersuchung in dem Werke zusammenfafst. Euler selbst sagt in einem Briefe an K. darüber:

„Nur die unverdienten Lobsprüche, so Ew. Hochedelgeboren mir beilegen, ausgenommen, ist Dero Vorbericht zu meinem Werk ein rechtes Meisterstück, indem Dieselben darinnen dem Leser nicht nur den ganzen Inhalt auf das Deutlichste vorstellen, sondern auch die Begriffe, worauf die Hauptsache ankommt, auf das Gründlichste entwickeln. Diesen Bemühungen Ew. Hochedelgeboren wird es auch Herr Röse (der Verleger) insonderheit zu verdanken haben, wann das Werk einen guten Abgang findet."

Viel später, 1779, gab K. noch einmal ein Werk eines

---

[1]) S. J. H. Lambert's deutscher gelehrter Briefwechsel Bd. IV. Abth. 2, Berlin 1784. Leider sind daselbst von dem Herausgeber, aus Rücksicht auf damals noch lebende Personen, einige äufserst treffende Urtheile über dieselben ausgelassen.

[2]) Die Herausgabe der theoria motus betreffende Briefe L. Euler's, und Briefe A. Euler's an Karsten s. Allgemeine Monatsschrift herausgeg. in Kiel u. s. w. 1854, Maiheft.

seiner gelehrten Freunde heraus: die Pyrometrie von Lambert, welchen er zur Vollendung dieser Arbeit angetrieben hatte. K. revidirte das Werk und versah es mit einer Einleitung, da es erst zwei Jahre nach Lambert's Tode im Drucke beendet wurde.

An den Mecklenburgischen Universitäten hatte K. eine sehr kümmerliche Stellung. Mehrere Versuche seine äufsere Lage zu verbessern, bei welchen ihm Aepinus und die Eulers behülflich waren, blieben aus mancherlei Gründen ohne Erfolg. Eine Berufung nach Helmstädt, der er nicht folgte, veranlafste zwar, dafs seine Professur in Bützow etwas einträglicher wurde, aber immer blieb er, da inzwischen sein Hausstand sich vergröfserte, in Kampf mit Nahrungssorgen. Endlich ward er im Jahre 1778 als Segners Nachfolger nach Halle berufen, woselbst er bis zu seinem Tode am 17ten April 1787 als Lehrer und Schriftsteller gleich bedeutend wirkte.

Von K's. Schriften (Anhang 1) ist der erwähnte „Lehrbegriff", welcher 1782 in der zweiten Auflage erschien, aber in dieser leider von K. nicht vollständig beendet werden konnte [1], noch immer ein sehr schätzbares Buch. Es umfafst die reine Mathematik und die angewandte, d. h. den gröfsten Theil der Physik, und könnte in der streng logischen Behandlung der physikalischen Disciplinen den neueren Werken als Muster vorgehalten werden, so sehr dasselbe, natürlich seinem Inhalte nach, veraltet ist. Ausser den rein mathematischen Theilen verdienen besonders die Statik und Mechanik fester und flüssiger Körper, die Photometrie und Perspective hervorgehoben zu werden.

Obgleich K. sich zunächst nur mit der reinen Mathematik beschäftigt hatte, führte ihn doch bald die Anwendung

---

[1]) Nur die 6 ersten Bände der 2ten Auflage erschienen von Karsten bearbeitet und zwar vom 4ten bis 6ten Bande herausgegeben von D. L. G. Karsten; der 7te Band wurde 1818 von K. B. Mollweide herausgegeben; der 8te Band ist in 2ter Auflage nicht erschienen.

auf die mathematisch zu behandelnden Theile der Physik zu dem Bedürfnifs, auch andre Naturwissenschaften, namentlich die mit der Physik so vielfach sich berührende Chemie genauer kennen zu lernen. Da zu jener Zeit weder systematische Lehrbücher der Chemie existirten, welche dem strengen Mathematiker genügen konnten, noch besondere Vorlesungen über Chemie gehalten wurden, so musste K. sich chemische Kenntnisse durch das Studium der einzelnen Abhandlungen der Chemiker und durch eigne Untersuchungen sammeln. Es war ihm nicht zu mühsam, dies noch in seinen späteren Lebensjahren durchzuführen, wo ihn auch die Beschäftigung seines Sohnes noch veranlafste, mit und von diesem Mineralogie zu erlernen. Die Resultate dieser Studien liegen in K's. Naturlehre und andern Werken vor, welche noch lange nachher als Grundlage systematischer Naturlehren von andern Schriftstellern benutzt worden sind.

Aufser seinen gröfseren Werken hat uns K. eine Menge von Abhandlungen hinterlassen, welche in mathematischen Zeitschriften oder in den Schriften gelehrter Gesellschaften, deren Mitglied er war [1]), enthalten sind.

So erkennen wir aus K's. Schriften seine Bedeutung als Gelehrter, aber auch sein persönlicher Einflufs als Lehrer und im Umgange mufs ein ungewöhnlicher gewesen sein, worüber L. v. Buch in der Lobrede auf K's. Sohn mit folgenden schönen Worten Zeugnifs ablegt: „Einem berühmten Vater geboren ward ihm eine Erziehung zu Theil, wie sie der Ruf und die Kenntnisse des Vaters erwarten liefsen. Was aber nur selten den Söhnen berühmter Männer begegnet, auch die sorgfältige Ausbildung der Zuneigung und des kindlichen Vertrauens, und einer feinen und regen Empfänglichkeit für alles was ein edles Ge-

[1]) K. war u. a. Mitglied der Akademie zu München und der Gesellschaften der Wissenschaften zu Kopenhagen und zu Haarlem.

müth reizen kann, war des tieffühlenden Vaters zärtliche Sorge."

Wenn K. auch nicht mehr unmittelbaren Einflufs auf seinen Neffen, unsern Carl Joh. Bernh., haben konnte, da sein Tod schon in dessen erste Kindheit fällt, so ist er mittelbar, und zwar auf verschiedene Weise, von grofser Bedeutung für jenen geworden; theils durch seine Schriften und seine bei seinen Nachfolgern fortwirkende Lehrmethode, theils aber und vorzüglich als Erzieher seines Sohnes Dietr. Ludw. Gust. und seines jüngeren Bruders Franz Christ. Lor., welchem unser Karsten das Meiste von dem zu verdanken hat, was er überhaupt Anderen als sich Selbst in seiner ersten Lebensrichtung verdankt.

---

Wenz. J. G. Karsten war zweimal verheirathet gewesen, zuerst mit Cathar. Marg. Charl. Kämpfer, der Tochter des Professors Kämpfer in Rostock, sodann mit Sophia Charlotte Wolfrath. Von mehreren Kindern blieben ihm nur zwei aus der letzten Ehe, eine Tochter und ein Sohn. Dieser, der bereits erwähnte Dietrich Ludwig Gustav [1], wurde am 5ten April 1768 zu Bützow geboren. Als der Vater nach Halle versetzt worden war, konnte Dietrich den vortrefflichen Unterricht im Semler-Schützischen Erziehungshause, dann im Pädagogium in Halle geniefsen, und widmete sich, nachdem er namentlich Mathematik mit Eifer betrieben hatte, schon in seinem 14ten Jahre unter Werners Leitung zu Freiberg den bergmännischen Wissenschaften. Der Vater hatte die Erwählung eines Standes gewünscht, der den Sohn nicht zu weit von den Be-

[1]) Materialien: 1) Handschriftliches, 2) Notizen in K's. Schriften, 3) Nekrolog im Magazin der Gesellschaft naturforschender Freunde zu Berlin Bd. IV. v. J. 1810, Vorrede S. XI., 4) Lobrede auf Karsten gehalten von L. v. Buch in den Abhandl. d. Akad. d. Wissenschaften in Berl. a. d. J. 1814 und 15 p. 7ff., welcher ein grosser Theil des Folgenden wörtlich entnommen ist.

schäftigungen mit Literatur und Physik entfernte; er schlug ihm vor zwischen Arzt und Buchdrucker zu wählen. Allein beides war dem lebendigen Jüngling zuwider. Der Rath des Ministers v. Heinitz gab den Ausschlag, es mit dem Studium des Bergwesens zu versuchen.

Im Vergleich zu andern Universitäten war damals der Aufenthalt und das Studium auf der Bergakademie zu Freiberg sehr kostbar und dem Vater würde es bei mäfsiger Einnahme schwer geworden sein, den Sohn mehrere Jahre daselbst zu erhalten. Dafür hatte er die Freude, dafs dieser sich in dem erwählten Berufe so zufrieden fühlte, dafs er ein 3 Monate nach seinem Antritte in Freiberg von dem bekannten Hofrath Beireis gemachtes günstiges Anerbieten, als Assistent zu ihm zu kommen, unbedenklich ausschlug, „denn die Mineralogie fesselte mich unwiderstehlich, seit ich Kalkspath von Quarz hatte unterscheiden lernen." Bald schickte er dem Vater die ersten selbstständigen Arbeiten, z. B. eine Stollencharte des Freiberger Reviers nach eigner Aufnahme, kleine geognostische Skizzen u. s. f. und wurde in Folge seines Fleifses am 21. Nov. 1783 von dem Staatsminister v. Heinitz unter die Zahl der königl. preufs. Bergeleven aufgenommen, wodurch der Vater der Sorge um Aufbringung der Geldmittel zum ferneren Studium gröfstentheils überhoben wurde. Mit rastlosem Eifer machte sich K. die trefflichen Vorlesungen und practischen Anleitungen bei Werner, Charpentier, Lempe, Gellert, Köhler zu Nutze und kehrte als durchgebildeter Mineralog und Bergmann in seinem 18ten Jahre, also 1786, auf die Universität Halle zurück.

Schon auf der Bergakademie hatte sich K. so ausgezeichnet, dafs Werner ihm unter seiner Leitung die Ordnung des grofsen Papst von Ohayn'schen Cabinets übertragen konnte, eine Arbeit, welcher K. einen grofsen Theil seiner Zeit widmete, und bei welcher er vollends eine Erfahrung in der Mineralogie sammelte, welche weit über seine Jahre zu gehen schien.

Ein Zufall wollte es, dafs er sich damals schon als einen ausgezeichneten und denkenden Mineralogen öffentlich ankündigen sollte. Kirwan's Mineralogie war 1784 erschienen. Der grofse Ruf des Irländers, manche neue Erfahrung, sein Streben nach Vollständigkeit und die Empfehlung des Berghauptmanns v. Veltheim, hatten die Meinung vieler Naturforscher bestimmt. Sie glaubten mit diesem Buche gehe für die Mineralogie ein neuer Tag an. Da war K's. ganze Lebendigkeit aufgeregt und mit der Heftigkeit der neu erkannten Wahrheit, der Werner'schen Methode, im jugendlichen Gemüth zeigte er gründlich und gut, dafs dies gar keine Mineralogie sei, sondern nur eine Aufzählung chemischer Erfahrungen nach Ordnung der untersuchten Mineralien; dafs in dieser Ordnung und Bestimmung hier durchaus kein logisches Princip befolgt werde, und dafs man in Beschreibungen von Fossilien in Irland damals, ohnerachtet der Werner'schen Ausgabe von Cronstedt, noch gar wenig Fortschritte gemacht hatte. Er überzeugte Kirwan's Lobredner nicht, aber sie trugen es ihm noch lange nach, dafs er es gewagt hatte, die ihn lebhaft bewegende Wahrheit gegen berühmte Autoritäten zu vertheidigen. Es sollte ihm jedoch darüber noch eine Genugthuung werden, welche sie nicht erwarten konnten.

In Halle erweiterte K. den Umfang seiner Kenntnisse durch den Besuch der Vorlesungen von Wolf, Krause, Eberhard, Gren, Sprengel, Nettelblatt, Fischer, Forster und Rüdiger, Namen, welche zeigen, dafs K. weit davon entfernt war, einseitig die Bergwissenschaften zu studiren. Die Lehren und den Umgang des Vaters sollte K. leider nur noch ein Jahr geniefsen, noch vor Beendigung seiner Universitätsstudien starb der Vater und hinterliefs seinen Kindern wenig mehr als einen grofsen Ruf und ein treffliches Beispiel. Grade in dieser trüben Zeit wurde K. der Antrag gemacht, unter sehr vortheilhaften und ehrenvollen Bedingungen sich den Berg-Officianten anzuschliefsen, welche von der Spanischen Regierung aus Sachsen nach Südamerika gezogen wurden. Er wäre der Einladung nicht ungerne gefolgt, aber kein Antrag hätte ihn bewegen können, in diesem Augenblicke die Schwester zu verlassen. Er lehnte den Ruf ab: „Amerika blieb uns noch ferner zwanzig Jahr lang völlig unbekannt, und der Mineralogie entging eine Bereicherung, wie sie ihr noch nie zu Theil geworden war [1]." Bald darauf verheirathete sich die Schwester an den Professor Gren, welcher dem verstorbenen Wenz. K. in der physikalischen Professur gefolgt war, K. aber erhielt in Anerkennung seiner Talente und seines Fleifses vom Könige Friedr. Wilhelm II. eine Unterstützung zur Vollendung seiner Universitäts- und bergmännischen Studien.

Schon jetzt trat K. mit glücklichem Erfolge als Schriftsteller auf, indem Michaelis 1787 seine Beantwortung der von den Berner Naturforschern gestellten Preisaufgabe: „über die beste Klassifikation und Beschreibung des Thonschiefers, des Hornschiefers und der Wacke" gekrönt wurde. Mit literarischen Arbeiten, der Herausgabe des 2ten Heftes der physisch-chemischen Abhandlungen, und kleinen Notizen für gelehrte Zeitschriften, ferner mit seiner Doktorpromotion in Halle beschäftigt, erhielt K. im Jahre 1788 einen Ruf nach Marburg, um ein vollständiges systematisches Verzeichnifs der ansehnlichen naturhistorischen Sammlung des verstorbenen Professor Leske auszuarbeiten. Das Resultat seiner Arbeiten legte er im folgenden Jahre der gelehrten Welt in zwei Werken, einem deutschen und einem lateinischen, vor Augen. Man mufs über die unglaubliche Thätigkeit, Behendigkeit und das Glück, womit er dies mühsame Werk ausführte, in Verwunderung gerathen, was nur eine mechanische Arbeit zu sein schien, ward durch die Lebendigkeit und den Geist, die er hineinbrachte, zu

---

[1]) L. v. Buch a. a. O. p. 13.

einer Epoche für die Mineralogie in Deutschland. Im Sommer 1788 kam er in Marburg an, im November desselben Jahres war die grofse Arbeit beendigt, und im Frühjahr 1789 war das „Museum Leskeanum" in den Händen aller Mineralogen von Deutschland. Dennoch hatte K. während der Zeit auch noch das Vogelsgebirge mineralogisch bereist, die Gegenden am Rhein, Siegen und Westphalen besucht, und hatte mehrere Wochen den Aufenthalt in Göttingen benutzt. Er hatte mannigfaltige neue Verbindungen geschlossen, sich überall Freunde erworben und alle Mineralogen in diesem Theile von Deutschland durch die Bestimmtheit und Leichtigkeit überrascht, mit welcher er die Mineralien erkannte, nicht anders als ständen ihm zu dieser Erkennung geheime Kräfte zu Gebot, ungeachtet er mit der natürlichen Offenheit seines Charakters doch nie aufhörte zu zeigen und zu beweisen, dafs Jeder mit Leichtigkeit das gleiche Talent erwerben könne, wenn er das gründliche Studium der äufseren Kennzeichen vorangehen liefse. Es war eine Vorbereitung zu dem Eindrucke, den sein Werk machen sollte. Die Mineralogie trat nun würdig auf, als ein wichtiger und nothwendiger Theil der Naturforschung, und man fing an zu ahnen, dafs sie zur Selbstständigkeit der despotischen Hülfe der Chemie nicht bedürfe.

Das war also K's. Werk, und daher war es nur gerecht, wenn sein Buch allen, welche nicht an der Freiberger Quelle selbst schöpfen konnten, Lehrer und Führer ward, und er selbst in und aufser Deutschland Werner's glücklichster Schüler, der beste und scharfsinnigste aller bekannten Mineralogen genannt ward.

Auf Kirwan's dringende Verwendung wurde die Leskesche Sammlung für den Staat angekauft und in Dublin aufgestellt. Kirwan selbst beschäftigte sich mehrere Jahre sie dem Catalog gemäfs aufzustellen und zu studiren. Es war derselbe Kirwan, dessen Mineralogie K. einige Jahre vorher so scharf getadelt hatte. Er gab nun eine zweite

Auflage dieser Mineralogie heraus, oder besser ein ganz neues Werk. Denn die Mineralogie, sagt er selbst, hat seit einiger Zeit ein so ganz anderes Ansehen gewonnen, dafs die Schwierigkeiten, sie in ihrer jetzigen Gestalt darzustellen, mich gänzlich abgeschreckt haben würden, es mit einiger Aussicht von gutem Erfolge zu unternehmen, hätte mich nicht dazu ein eben so günstiger als unerwarteter Vorfall ermuntert. Es ist der verstattete Gebrauch der Leskeschen, durch Karsten, nächst Werner dem scharfsinnigsten und gelehrtesten Mineralogen unserer Zeit, geordneten Sammlung.

Niederschlagender und siegreicher waren wohl nicht die zu widerlegen, welche es strafbare Vermessenheit genannt hatten, als K. den Mangel einer mineralogischen Methode in der Kirwan'schen Mineralogie zeigte.

Vielleicht hätte diese Arbeit und ihr Erfolg ihn ganz für eine literarische Laufbahn bestimmt, hätte nicht der Minister v. Heinitz, der ihn stets mit sorgsamen Augen verfolgt hatte, ihn für den Staatsdienst berufen. K. ward nun in kurzer Zeit, was in der unvergefslichen Heinitzschen Pflanzschule so viele, einer der würdigsten, der thätigsten und der nützlichsten Geschäftsmänner. Er durchlief schneller als gewöhnlich, vielleicht schneller als man damals Beispiele hatte, die verschiedenen Stufen der Dienstverhältnisse, ward 1789 als Assessor der Provinzial-Administration zum Ober-Berg-Amt nach Berlin berufen, im Jahre 1792 zum Bergrath, 1797 zum Ober-Berg-Rath, 1803 zum Geheimen Ober-Berg-Rath und Mitglied des Ministerii für Bergwerks-Angelegenheiten ernannt. Im April 1810 wurde ihm der Staatsraths-Titel verliehen, und bei der neuen Organisation des Finanzministerii die General-Bergbau-Direktion im Ministerio des Innern, d. h. die Leitung des ganzen Bergwesens im preufsischen Staate, anvertraut, ein Amt, welches er nur wenige Wochen bekleidete, da ihn schon am 21sten Mai 1810 der Tod hinwegraffte.

Unvergefslich und lange fortwirkend sind in dieser Laufbahn seine Verdienste, denn leicht, klar und sicher vermochte er die verwickeltsten Geschäfte zu übersehen. Er kannte die Menschen, und es war ihm Bedürfnifs, überall das fremde Verdienst zu erregen, hervorzuziehen, in Thätigkeit zu setzen und zu belohnen. Trotz dieser ausgezeichneten Wirksamkeit, die bei Andern fast mehr als ein Leben schien ausfüllen zu müssen, behielt K. Zeit, der Wissenschaft zu dienen. Seine vorherrschende Neigung blieb bis an das Ende seines Lebens der Fortschritt der Mineralogie, und was von ihm in dieser Hinsicht geschehen, läfst den so sehr beschäftigten Geschäftsmann nicht ahnen. Es ist kaum ein Jahr vergangen, in dem er nicht eine neue Substanz bekannt gemacht, oder eine neue Ansicht entwickelt hätte; es sind wenige Tage seines Lebens verlaufen, in denen er nicht im Cabinet oder auf Reisen Forschungen angestellt, das Unbestimmte erläutert, Irrthümer berichtigt hätte. Die Resultate aber seines Nachdenkens und seiner Verbindungen gehörten nicht ihm, sondern der Welt. Daher waren ihm gesellschaftliche Vereine so nothwendig, in denen er, was er nur erfahren, sogleich bekannt machen, was ihn bewegte und ihm wichtig schien, andern mittheilen konnte. Daher waren die Vorlesungen über die Mineralogie, welche ihm der Minister Heinitz seit dem Winter 1789 an Ferbers Stelle aufgetragen hatte, von so aufserordentlichem Erfolg. Jeder seiner Zuhörer überzeugte sich leicht von seinem Bestreben, Alles was er wufste, frei und offen, klar und lebendig denen, welche sich um ihn versammelt hatten, zu lehren. Er sah deswegen seinen Hörsaal jährlich von Personen aus allen Ständen und von jedem Alter besetzt. Geschäftsmänner und Gelehrte, Fremde und Einheimische drängten sich in solcher Menge zu ihm, dafs er nicht selten zweimal, selbst dreimal in einem Winter dieselben Vorlesungen hielt.

Ein Denkmal, welches K. sich für immer gesetzt hat,

besteht in der grofsen und trefflichen Königl. mineralogischen Sammlung in Berlin, die er anlegte, pflegte, vermehrte und in hoher Vollendung seinem würdigen Nachfolger S. Weifs hinterliefs, welcher das Werk in seinem Sinne und Geiste bis heut fortgeführt hat. Schon 1781 hatte der Minister Heinitz die Nothwendigkeit einer solchen Sammlung erkannt, und hatte der öffentlichen Belehrung seine eigene Privatsammlung gegeben. Einige bedeutende Ankäufe hatten sie so weit vermehrt, dafs sie zur Aufstellung eines eigenen Saales bedurfte. Das war es was K. vorfand als er 1789 seine Vorlesungen anfing. Durch seinen und Klaproth's Betrieb ward in demselben Jahre die grofse und reiche Ferber'sche Sammlung damit vereinigt, und dem Ganzen einige Zimmer angewiesen. Aber in solchem Lokal konnte wenig geleistet werden. K. beruhigte sich nicht eher, von Heinitz kräftig unterstützt, als bis der Sammlung ein ganz eignes Gebäude bewilligt war, in welchem sie im Jahre 1801 aufgestellt werden konnte. Und nun, hätte man glauben mögen, füllten sich die Säle von selbst. Von allen Seiten her kamen die Kisten zusammen, nicht blos was die preufsischen Staaten enthielten, sondern auch Sammlungen aus Italien, aus Frankreich, vom Norden, aus fernen Welttheilen.

Schwerlich hätte man hier jemals etwas umsonst gesucht, was auch vielleicht nur vor wenigen Monaten bekannt gemacht oder entdeckt worden war. Denn mit seltener Uneigennützigkeit hatte K. seiner eigenen Sammlung entsagt, sobald ihm die Direction des öffentlichen Cabinets übertragen war, und er hatte sich nie einen Augenblick bedacht hier alles niederzulegen, was ihm seine mannigfaltigen Verbindungen verschafften, so bedeutend es auch immer sein mochte. Er hat nur für Andre gelebt und hatte deswegen kein anderes Gefühl, als dafs so vorzügliche Sachen nur das Eigenthum Aller sein könnten. Als ihn die völlige Zerrüttung seiner Gesundheit im Jahre 1804 nöthigte, den Geschäften für eine Zeitlang zu entsagen, unternahm er eine merkwürdige Reise über alle Ketten der Alpen, bis an die Ufer des adriatischen Meeres. Ein wichtiger Aufsatz über das bisher nie gekannte Profil der Alpen in diesem Theile von Deutschland, andere über Wien, und einige, durch ihre Lebhaftigkeit und gefühlvolle Schilderungen höchst anziehende Briefe in der Berliner Monatsschrift, waren von dieser Reise die öffentlich bekannt gewordenen Früchte. Im Cabinet aber kamen nach seiner Zurückkunft in solcher Menge die herrlichsten Sachen zusammen, als wäre es nicht eine Erholungsreise gewesen, sondern als hätte man ihm besonders den Auftrag gegeben, nur allein zum Besten dieses Instituts zu wirken.

Aufser in seinen amtlichen Stellungen oder als Lehrer in seinen Vorlesungen, hat K. auf das Einflufsreichste als Schriftsteller und durch seine freundschaftlichen Beziehungen zu den namhaftesten Gelehrten gewirkt.

In der ersten Zeit, nach der Herausgabe des Museum Leskeanum, veröffentlichte K. Abhandlungen in Zeitschriften über mineralogische und bergmännische Gegenstände, und besorgte die Herausgabe der letzten Bände (4—6) von seines Vaters „Lehrbegriff"; bald aber gaben ihm seine Vorlesungen Veranlassung, ein umfassenderes Werk zu schreiben, die „Tabellarische Uebersicht der mineralogisch einfachen Fossilien", welches von K's. Schriften (Anhang) wohl die weiteste Verbreitung gefunden hat.

Die erste Ausgabe der tabellarischen Uebersicht, 1791, sollte nur ein Leitfaden zu den Vorlesungen sein. Aber es war eine treffliche Uebersicht des damaligen Zustandes der Mineralogie. Man kaufte begierig das Werk und schon im folgenden Jahre war die neue Auflage nothwendig. Als auch diese vergriffen war entschlofs sich K., durch den Beifall ermuntert, seinen Plan zu erweitern, in der Uebersicht die ganze Mineralogie zu umfassen, und nebenher alles dasjenige in der Kürze zu berühren, was ihm

Erfahrung und Nachdenken gelehrt hatte. Es erschienen im Jahre 1800 seine „mineralogischen Tabellen."

Sie mufsten nothwendig Aufsehen erregen, denn mit dem vielen Neuen, welches er zuerst bekannt machte, gab er in seinen Grundsätzen der Bestimmung der Mineralien einen unerwarteten Beweis seines vorurtheilsfreien Geistes. Allem Schwankenden, Unbestimmten durchaus zuwider, glaubte er durch die Chemie den festeren Weg zu betreten, und auf die glänzenden Arbeiten der berühmten Männer gestützt, in deren Nähe er lebte, erhob er die Mischung der Bestandtheile, welche die Chemie in den Mineralien entdeckte, zum alleinigen Bestimmungsgrund ihrer Selbstständigkeit, und führte dies Princip mit strenger Schärfe in den Tabellen durch, wenn auch manche Sonderbarkeit dadurch veranlafst zu werden schien. Entzog er aber der Mineralogie auf solche Art die Bestimmung der Species, so verlangte er doch um so dringender, wie er immer gethan und gegen Kirwan vertheidigt hatte, dafs die Erkennung und Beschreibung ihr ganz allein überlassen, und der Chemie fast gänzlich verweigert sein müsse. Da erschien im Jahre 1801 Hauy's classisches Werk, in welchem zuerst die Bestimmung der Form durch die ganze Mineralogie durchgeführt ward; K. fafste diese Ansicht mit gröfster Lebendigkeit auf; es war ihm die Sicherheit in den Principien Zweck und Bedürfnifs, und nun lehrte ihn ein weiteres Nachdenken bald, dafs die Form der Krystalle nichts anders sein kann, als die Begränzung der Kräfte, welche in den Mineralien Festigkeit hervorbringen, und sie verhindern zum Flüssigen auseinander zu fallen. Aus dieser Begränzung Richtung und Verhältnifs der wirkenden Kräfte zu finden, mufste nicht unmöglich scheinen, wenn dies auch gleich bisher immer noch das unerreichte Ziel der Mineralogie geblieben ist. Der Mathematik schien also die Bestimmung der Species in der Mineralogie zu gebühren, nicht der Chemie. Gewifs würde K. nach diesen

Grundsätzen die Mineralien neu zu ordnen und zu bestimmen versucht haben, und hätte ihnen gemäfs seine Tabellen verändert, hätte nicht die Krankheit, welche sein Leben beendigte, schon seit Jahren ihm die Zeit geraubt, welche er zu solchen Arbeiten verwandte. Als die neue Ausgabe der Tabellen im Jahre 1808 durchaus nothwendig geworden war, so konnte man, was er gab, immer wieder als eine wichtige Bereicherung der Mineralogie ansehen, allein nur in der Vorrede liefs er die vorherrschende Neigung zu den Hauy'schen Grundsätzen blicken und den tiefen Eindruck den sie auf ihn gemacht hatten; die von seiner Hand so wünschenswerthe Reform unterblieb, und ist nicht eines der kleinsten Güter, die er uns mit seinem Tode entzogen hat.

Dem Gelehrten K. bewies die gelehrte Welt durch zahlreiche Ehrenbezeugungen ihre Anerkennung. Von 16 gelehrten Gesellschaften war er Mitglied; so ward er namentlich am 8ten Sept. 1803 zum aufserordentlichen, am 4ten Aug. 1808 zum ordentlichen Mitgliede der Berliner Akademie erwählt. In den Schriften vieler jener Gesellschaften sind Aufsätze und kleinere Notizen von K. enthalten, namentlich in denen der Gesellschaft naturforschender Freunde in Berlin, deren ordentliches Mitglied er am 14. April 1795 wurde. Die Abhandlungen der Berliner Akademie zeigen keine Arbeit K's., obwohl er mehrmals in den Sitzungen gelesen hat, weil bekanntlich in den Jahren 1804—12 der Druck der akademischen Abhandlungen unterblieb.

K's. reiche Correspondenz mit Wilhelm und Alexander v. Humboldt, L. v. Buch, Hauy, Cuvier, Blumenbach, Gren, Gilbert, Gehlen u. m. A., aus welcher einen Theil hervorzuheben wir uns hier versagen müssen, wirft ein helles Licht auf die Bedeutung seiner persönlichen Beziehungen. Ueberall erscheint er, den Altersgenossen als Freund und Vertrauensmann, die Jüngeren anregend, und wo es nöthig ist mit Rath und That fördernd und helfend; so auch besonders griff er ein in das Schicksal unseres Carl J. B. Karsten. Schöner kann diese Seite von K's. Bedeutung nicht ausgedrückt werden als mit den Worten L. v. Buch's: „Nie wird man von dem was K. für die Wissenschaft that zu reden vermögen, ohne der seltenen Verbindung so vieler Vorzüge des Verstandes und Herzens zu erwähnen, ohne von seiner warmen Freundschaft, von seinem allgemeinen Wohlwollen für die ganze Welt, von seinem Feuereifer für alles Gute und Schöne zu reden. Denn darin ist K's. wissenschaftliches Leben von dem so vieler anderen grofsen Gelehrten gänzlich verschieden. So vorzüglich, so trefflich auch der Character dieser seltenen Männer gewesen sein mag, ihrer Wissenschaft war er gewöhnlich durchaus fremd. In wenig Berührung mit der Welt, liegt die Geschichte ihres Lebens gröfstentheils in ihren Schriften; ihre Wirksamkeit war häufig nur auf das beschränkt, was sie der Feder anvertrauten. Und leider! auch das nicht immer. Ohne Bedürfnifs der Mittheilung, sich selbst in ihren Anschauungen genügend, sind viele der tiefsten Anstrengungen des Geistes mit ihren Urhebern verschwunden. Wie wäre das bei K. möglich gewesen? Wie hätte er vermocht eine Wahrheit zu finden oder zu erfahren, zum Besitz einer neuen Thatsache zu kommen, ohne alles um ihn her aufzuregen, den Genufs des Neugefundenen mit ihm zu theilen, und die neue Wahrheit, früchtebringend und folgenreich, überall zu verbreiten? Und die Früchte seines Bestrebens haben sich dadurch schnell und wohlthätig über ganz Europa verbreitet. Sie haben überall neue und reiche Erndten getragen. Der sich selbst so oft gänzlich vergessenden Bescheidenheit seinos Charakters mochte es wohl entgangen sein, dafs er es war, von dem eine so grofse Wirksamkeit ausging. Aber wir, die wir ihn nicht mehr besitzen, und denen er nicht mehr ersetzt werden wird, uns ist es Pflicht, es in dankbarem Andenken zu bewahren, wie und auf welche Art so viele Kenntnisse der Menschen zur Benutzung und zum Fortschreiten dargebracht worden sind."

Und diese Tugenden des Geistes und des Herzens haben sich von ihm in dem Grade auf Carl J. B. Karsten vererbt, dafs die Worte L. v. Buchs über den unermüdlichen Geschäftsmann, den tiefen und liebenswürdigen Gelehrten, den edlen Menschen Karsten, wie für seinen jüngeren Vetter und Freund geschrieben zu sein scheinen.

---

Der Familienzweig des Mathematikers Karsten erlosch mit seinem Sohne Dietrich L. G., welcher aus seiner 1793 mit Amalie Maue geschlossenen Ehe zwei Töchter [1]) aber keinen Sohn hinterliefs.

Um so mehr breitete sich ein jüngerer Zweig der Familie aus.

Franz Christian Lorenz Karsten [2]), der jüngste Bruder W. J. G's, wurde am 3ten April 1751 zu Pohnsdorff in Mecklenburg geboren. Der Vater, wie oben erwähnt, durch Brandunglück verarmt, konnte durch die kleine Landwirthschaft, welche er betrieb, nur mit Noth die Mittel aufbringen, um seine beiden ältesten Söhne [3]) studiren zu lassen. Dem jüngsten Sohne Franz konnte vom Vater nur ein ungenügender Jugendunterricht zugewendet werden und auch die Geschwister hatten noch keine Stellung erlangt, um für den jüngeren Bruder sorgen zu können. Von seiner Jugenderziehung erzählte K., dafs bis zum 10ten Jahre die

---

[1]) Amalie, verheirathet mit dem Banquier W. Brose in Berlin, und Mariane, verheirathet mit Oberst v. Bardeleben in Cassel.

[2]) Materialien: 1) Handschriftliches. 2) Notizen in K's. Schriften, namentlich in den „ersten Gründen der Landwirthschaft", vorzüglich aber 3) die Schrift: F. C. L. Karsten, ein Bild aus seinem Leben, der das Folgende meistentheils wörtlich entnommen ist.

[3]) Wenz. J. G. war der älteste Sohn, der zweite starb als Elbzoll-Direktor in Boitzenburg, ein dritter wanderte nach dem Cap der guten Hoffnung aus. Aufserdem waren noch drei Töchter vorhanden, von denen die eine den Hofgerichts-Assessor Schröder in Güstrow, die zweite den Hofbildhauer Rud. Kaphinger in Ludwigslust, die dritte einen Kohrz, vermuthlich in St. Petersburg, heirathete.

Zeit mit Katechismus und Vocabeln-Lernen verdorben worden sei; Nützliches habe er nur durch Zuhören beim Unterrichte seiner älteren Brüder erlernt. Mit dem 11ten Jahre kam er auf das neu errichtete Pädagogium in Bützow „unter waisenhäuslerisch-knechtische Leitung", im 12ten Jahre auf die Domschule nach Güstrow, wo er 4 Jahre blieb und die Schule zwar durchmachte, aber ohne gründliche Kenntnisse zu erwerben, da es ihm an einer Anleitung fehlte und die Schuldisciplin eine sehr mangelhafte war.

Den 16jährigen Knaben nahm der Vater zu sich, um ihn in der Landwirthschaft anzuleiten. Die kümmerlichen Verhältnisse konnten K. indessen so wenig genügen, dafs er, um aus ihnen herauszukommen, eine Stelle in Riga in einer Tuch- und Seidenhandlung annahm. Aber diese sagte weder seiner Strebsamkeit noch seinem Körper zu und er war glücklich wieder in sein Vaterland zurückkehren zu können, um bei verschiedenen Principalen die Landwirthschaft practisch zu erlernen. „Es war eine Leitung der Vorsehung" erzählt K., „dafs ich Principale traf, die sich mit der Feder nicht zu behelfen wufsten. Zufällig mufste ich einem solchen einmal die Antwort eines Briefes entwerfen, mit dessen Stylisirung er nicht fertig werden konnte, und ich ward nun auch sein Geheimschreiber, mit der Erlaubnifs, in Stunden der Mufse, deren es wenige gab, einen bestäubten Bücherhaufen durchwühlen zu können. Es waren lateinische Klassiker und naturhistorische Schriften."

K. erkannte wohl, dafs etwas Edleres sein müsse im Feldbau als was er gelernt hatte und trieb. Seine warme Liebe für das Studium der Natur, seine Beharrlichkeit, dasjenige in Büchern zu suchen, worüber die damalige Landwirthschaft ihn nicht belehren konnte, veranlafste endlich den ältesten Bruder W. J. G., der inzwischen als Professor in Bützow in günstigere Verhältnisse gekommen war, für die wissenschaftliche Ausbildung des Bruders zu sorgen. So bezog denn K. in seinem 19ten Jahre, 1770, die Universität in Bützow, studirte Mathematik, alte und neue Sprachen, Naturwissenschaften, Völker- und Länderkunde mit solchem unermüdlichem Eifer, dafs er die verlorne Zeit seiner früheren Jugend reichlich wieder einholte.

Gleich nach beendeten Studien, 1773, konnte er in Bützow eine Anstellung als Lehrer an demselben Pädagogium erhalten, in welchem er seinen ersten Unterricht empfangen hatte, doch war der Geist in dieser Anstalt jetzt ein anderer besserer geworden, und treffliche Lehrer wirkten an derselben [1]). In dieser Zeit seiner Thätigkeit als Schullehrer, welche bis zur Aufhebung des Pädagogiums im Jahre 1780 währte, trat K. schon als Schriftsteller auf, mit einem elementar-mathematischen Werke, welches er seinem ältesten Bruder widmete, und welches in 3 Auflagen erschien; ferner mit zwei Bearbeitungen ausländischer Werke, nämlich Nugent's Reisen durch Deutschland, vorzüglich durch Mecklenburg, und Raynal's Geschichte Europens Handel mit beiden Indien.

1780 wurde K. eine aufserordentliche Professur an der Universität Bützow übertragen und drei Jahre später trat er, mit der früher durch Schreber besetzt gewesenen ordentlichen Professur bekleidet, in seine eigentliche Bestimmung als Lehrer der Nationalökonomie ein. Diese Stellung behielt er von 1789 an auch in Rostock, nachdem in diesem Jahre die Wiedervereinigung der beiden Universitäten Bützow und Rostock erfolgt war.

Hier im Mittelpuncte des vaterländischen Handels und der Schifffahrt fühlte K., wie wichtig es für Mecklenburg, einen blofs Ackerbau treibenden Staat, sei, die damals schon wieder erblühte Landwirthschaft nun auch zur Wissen-

---

[1]) So war z. B. Biester, der als Bibliothekar in Berlin starb, ein College und Freund K's.

schaft zu erheben. In einer gedruckten Abhandlung: über das theoretische Studium der Oekonomie, kündigte er sogleich seine Vorlesungen für das erste Semester in Rostock an.

Bald aber kam K. zu der Ueberzeugung, dafs eine Lehrstelle der Oekonomie nicht ohne ein ländliches Etablissement gehörig wirksam werden könne; sein ganzes Bestreben richtete sich nun auf eine solche Erwerbung. Beharrlich suchte er 3 Jahre lang erst die Landesregierung, dann die Universität für seinen Plan zu gewinnen. Die Regierung, noch zu sehr beschäftigt mit anderweitigen Einrichtungen der eben erst verjüngten Universität, mufste das Unternehmen ablehnen; diese selbst fand die Erwerbung eines Grundstückes nicht angemessen. Da entschlofs sich K. und erwarb 1793 ohne eigne Mittel von der Stadt ein isolirtes Chaos gänzlich vernachläfsigter Sümpfe, Häuser und Gärten am Ufer der Warnow, und schuf mit Hülfe theilnehmender Freunde das Neuenwerder, das erste landwirthschaftliche Institut [1], welches nun bis an's Ende seines Lebens die Heimath seiner liebsten Gefühle, aber auch vieler Sorgen wurde. Denn Reichthum und Gewinn hat ihm sein Werk nie in's Haus gebracht, wo nach und nach 15 Kinder [2] Unterhalt und Erziehung geniefsen sollten. Eine Reihe von Schriften (Anhang 3.) aus dieser Zeit sind Zeugnisse seiner Bemühungen, eine wissenschaftliche Landwirthschaft zu begründen. Bald hatte er seinen Ideen so weit Eingang verschafft, dafs er im Jahre 1798 mit edlen Männern des Landes einen Verein stiften konnte, welcher vorzugsweise der Mecklenburgischen Agricultur und ihrer Erhebung in allen ihren Zweigen galt. Es war dieser die Landwirth-

[1]) Glücklicher war Thaer, dem königliche Freigebigkeit bei der Gründung von Mögelin 8 Jahre später entgegen kam.

[2]) Aus K's. am 14. Nov. 1780 mit Lisette Engel, ältester Tochter des Pastor Engel in Qualitz geschlossenen Ehe entsprangen 15 Kinder, von denen 4 frühzeitig starben, 6 noch jetzt am Leben sind.

schafts-Gesellschaft, welche nach den Kriegsjahren, 1813, als „Patriotischer Verein" in verjüngter und noch mehr erweiterter Kraftthätigkeit fortblühte. Die Entstehung dieser Verbindung war ein glückliches Ereignifs, sowohl für das Land, in welchem sie wirkte, als auch für den Lehrstuhl der Oekonomie an Mecklenburgs Hochschule. Die neuesten Erfahrungen denkender vaterländischer Practiker und die Resultate ausländischer Bestrebungen wurden so überall schnell durch Lehre und Schrift verbreitet. K. war Generalsekretair der Gesellschaft und gab als solcher die „Annalen" und später die „neuen Annalen" der mecklenburgischen Landwirthschaft heraus, von welchen bis zu seinem Tode 15 Jahrgänge erschienen. Das erst von Flörke bis zum 25sten Jahrgange, dann von einem der Söhne K's., dem Präpositus Heinrich L. J. Karsten noch jetzt fortgeführte Werk, zeigt schon durch sein Bestehen, mehr aber durch die allgemeine Betheiligung der Landwirthe Mecklenburgs an demselben, welch' seegensreiche Saat K. gepflanzt und erzogen hat.

Zwei Veranlassungen für K. nach dem Auslande zu gehen, eine Berufung nach Kasan bei der Begründung der dortigen Universität, und die Designation zum Nachfolger Beckmann's in Göttingen, blieben zum Glück für die Rostocker Universität ohne Folgen. Dagegen war K. in dauernder Verbindung mit den Männern, die, wie er, im Anfange dieses Jahrhunderts den Ackerbau und die damit verbundenen Betriebe rationell zu behandeln und wissenschaftlich hoch zu stellen bemüht waren. In seinem Briefwechsel finden wir die Namen Thaer, v. Fellenberg, v. Schwerz, v. Voght, Herzog v. Holstein-Beck, Lawätz, Westfeld und Andere.

Zu erwähnen sind noch K's. Bestrebungen, die Dünen bei Warnemünde, deren durch Stürme aufgetriebene Sandlagunen dem Flecken und dem Hafen selbst die gröfste Gefahr drohten, zu befestigen. Er unternahm fast gleichzeitig mit Sörn-Biörn, der in Danzig ein gleiches noch ausgedehnteres Werk leitete, das schwierige Geschäft der Bepflanzung. Zwar entstand, bei der Anwendung sehr dürftiger, K. zur Verfügung stehender Mittel, kein Wald auf den Dünen, aber der Hauptzweck ward doch erreicht, nämlich der Triebsand gehalten, der seitdem nicht mehr ähnliche Verwüstungen angerichtet hat.

Ueber 50 Jahre hatte K. seinem Vaterlande gedient und noch als rüstiger Arbeiter trat er in das Jahr seines Todes. Er starb als Geheimer Hofrath am 28. Febr. 1829 zu Neuenwerder bei Rostock.

---

Dies ist in Kurzem der Lebenslauf der drei Familienglieder, welche unserem C. J. B. Karsten vorangingen, und von unverkennbarem Einflusse auf seine geistige Entwickelung gewesen sind. In ihrem Leben und Wirken sehen wir schon die vorzüglichen Eigenschaften, die in unserm K. auf das Glänzendste ausgebildet werden sollten: den klaren Verstand, die Liebe zur Erforschung der Natur, rastlosen Fleifs und unermüdliche Ausdauer, uneigennütziges Schaffen für den Staat, dessen Diensten er sich widmete, vor allen Dingen jene Sittenstrenge und Reinheit, die, über jede Verläumdung erhaben, sich Anerkennung und Freundschaft erzwingt, und, gepaart mit dem Wissen, zur unwiderstehlichen Macht wird, welche dem Guten zum Siege verhilft und Seegen ringsum verbreitet.

## 2. Die ersten Lebensjahre und bis zum Eintritt in den Staatsdienst 1782 — 1804.

Carl Johann Bernhard Karsten wurde am 26. November 1782 zu Bützow als zweiter Sohn des Professor Franz Ch. L. Karsten geboren. Von seiner Jugendentwicklung ist wenig bekannt, es ist aber wahrscheinlich, dafs er seinen ersten Schulunterricht in Rostock erhalten habe, da der Vater schon, als K. 7 Jahr alt war, von Bützow nach Rostock versetzt wurde. Es läfst sich nur aus der frühen Jugend, in welcher K. die Universität bezog, schliefsen, dafs er seine Schulzeit zum Lernen wohl benutzt habe; aus einem schriftlichen Atteste des Rektors der lateinischen Schule in Rostock würde man dies nicht schliefsen können, diese theils laue, theils diplomatisch unbestimmte Bescheinigung lautet nämlich: C. J. B. Karsten ist 2½ Jahr mein Schüler der hiesigen lateinischen Schule gewesen. Seine untadelhafte Sittlichkeit, seine guten Fassungskräfte vom Fleifse nicht verlassen und die nöthige Grundlage in Sprachkenntnissen, die, wie ich hoffe, zweckmäfsig erweitert werden wird; alles dies macht mir die gewisse Hoffnung, dafs er gewifs der werden wird, der er werden kann. Das wurde er denn auch, zunächst Student der Rostocker Universität, von dem Professor der Astronomie und Mathematik P. J. Hecker als Rektor und H. F. Link als Dekan der philosophischen Fakultät, am 21. Sept. 1799, also nicht völlig 17 Jahr alt, inscribirt. Des Vaters Beschäftigungen, und das Leben auf dem ländlichen Etablissement Neuenwerder, gaben K. die Richtung zu den Naturwissenschaften, er studirte aber aufser diesen auch Medicin und Rechtslehre. Besonders eng schlofs sich K. an Link, den geistreichen Naturforscher an, welcher nach dem damaligen Zustande der Naturwissenschaften Vorlesungen über die verschiedensten Zweige derselben hielt, über Chemie,

Physik, Mineralogie, Botanik, Zoologie, Physiologie u. s. f. Der junge Student schlofs bald mit dem gleichfalls jugendlichen Lehrer [1]) Freundschaft, welche bis zum Tode Link's unverändert in gegenseitiger Hochachtung bestehen blieb. Die Mannigfaltigkeit der Kenntnisse Link's war für K. ebenso belehrend wie der persönliche Verkehr mit dem lebhaften und scharfsinnigen Mann anregend. In der Vorrede zu einer kleinen Arbeit, welche der erst 18jährige Student herausgab, dem „vollständigen Register über Gren's neues Journal der Physik", gedenkt derselbe dankbar des Lehrers und Freundes, welcher ihm den Verlust seines Vetters Gren ersetzen werde, dessen persönlichen Umgang und mündlichen Vortrag zu geniefsen ihm die Vorsehung nicht gestattet hatte. Jene Arbeit mag auf den ersten Blick sehr unbedeutend erscheinen, doch liefert sie den Beweis, welchen Umfang von Kenntnissen und welche Urtheilsreife der wenig länger als 1 Jahr studirende K. sich zu eigen gemacht hatte. Es ist nämlich das Register keineswegs eine blofse Zusammenstellung der Titel und Autorennamen aus Gren's Journal, sondern eine systematische Anordnung der in diesem behandelten Gegenstände, welcher zahlreiche, zum Theil auf eigne experimentelle Untersuchungen sich beziehende Anmerkungen beigefügt sind. So berichtet K. z. B. über seine Versuche, das Leuchten des Phosphors in verschiedenen Gasen betreffend. Bei Gelegenheit der Beobachtung von Gibbes „über die Verwandlung des Fleisches in eine dem Wallrath sehr ähnliche Substanz", erzählt K. eine hierhin gehörige Beobachtung, welche er in Rostock machte, und fragt an, ob diese Umbildung nicht praktisch zu benutzen sei. Bekanntlich ist die Erzeugung der Margarinsäure seitdem in der Technik von grofser Bedeutung geworden. Dergleichen treffende Bemerkungen wird man

---

[1]) F. Link, geb. 1769 zu Hildesheim, wurde 1789 Doctor und Docent in Göttingen, kam 1792 als Professor nach Rostock, dann 1811 nach Breslau.

in dem Register mehrfach finden, nach denen man die Arbeit eher einem erfahreren Gelehrten als einem angehenden Studenten zutrauen müfste.

Gren's Arbeiten und die Schriften seines Oheims Wenz. K. waren es besonders, welche K. neben Link's Vorträgen studirte, aufserdem beschäftigte er sich vorzugsweise mit der Chemie, sendete auch schon im Jahre 1800 einige Abhandlungen an Scherer, die im 5ten Bande von dessen Journal abgedruckt worden sind, und die Veranlassung gaben, dafs K. bald in nähere Beziehung zu Scherer trat, dadurch aber in Verhältnisse gebracht wurde, die seinen Lebensweg entschieden.

Der Bergrath Scherer hatte aus den Arbeiten, welche K. ihm übersendete, die Ueberzeugung gewonnen, dafs dieser ihm bei der Herausgabe seines Journals der Chemie wesentlichen Nutzen leisten könne, und machte deshalb im Februar 1801 K. den Vorschlag, zu seiner Assistenz nach Berlin zu kommen.

Scherer schrieb: „Ihre grofse Neigung zu literarischen Arbeiten, die mit den meinigen so ungemein viel Aehnliches haben, Ihre entschiedene Vorliebe zur Chemie flöfsen mir Muth ein, Ihnen folgenden Vorschlag zu thun. Wenn Sie geneigt wären einen grofsen Theil der Arbeiten an meinem Journale, d. h. Uebersetzungen aus dem Französischen und Englischen zu übernehmen und zugleich mir in meinen praktischen Untersuchungen an die Hand zu gehen, so würde ich Sie bitten, hierher zu kommen. Hierbei sind Oeconomie und Vortheile zu überlegen. Letztere bestehen darin: dafs Sie hier Gelegenheit finden, Ihr Studium der Medicin vollständiger und vorzüglich praktisch fortzusetzen — in Rücksicht der Chemie, meine Bibliothek Ihnen ganz offen steht — Ihnen in der Folge immer die Wahl übrig bleibt, hier oder irgendwo Ihre fernere Fortune zu machen. Mit der Zeit lege ich ein chemisches Institut an, wobei Sie mir sehr wichtige Dienste leisten könnten. Nun die

Oeconomica. Können Sie die Uebersetzungen und andre Arbeiten für's Journal übernehmen, so biete ich Ihnen ein jährliches Fixum von 250 Rthlr. an. Aufserdem können Sie sich durch schriftstellerische Arbeiten das Nöthige noch verschaffen etc."

K. nahm dieses Anerbieten dankbar an, und, nachdem sein Vetter, der Oberbergrath D. L. G. K., mit Scherer ein Punctations-Protocoll aufgesetzt hatte, in welchem u. A. noch eine Honorirung von 4 Thlr. pro Druckbogen eigener Untersuchungen, ferner die Dauer des Verhältnisses vorläufig auf 2 Jahre ausgemacht war, trat K. zu Johannis 1801 seine Assistentenstelle an. Bei seinem Abschiede aus Rostock wurde er noch zum correspondirenden Mitgliede der Mecklenburgischen naturforschenden Gesellschaft ernannt.

Da Scherer um diese Zeit vielfach auf Reisen war, so fiel K. mehr als erst beabsichtigt war, nämlich fast die ganze Redactionsarbeit zu. Hierbei scheint sich das Verhältnifs zwischen K. und Scherer nicht sehr freundlich gestaltet zu haben, da Scherer einen untergeordneten Hülfsarbeiter verlangte, der seine Arbeit unter Scherer's Namen verrichten sollte, während K. alles was er selbstständig bearbeitete, auch mit seinem Namen vertrat. Scherer erliefs am Schlufs des 8ten Bandes eine Erklärung, welche dies Verhältnifs deutlich durchblicken läfst; er schreibt nämlich: „Während ich mich im vorigen Jahre auf meiner Reise im südlichen Deutschland befand, konnte ich manche Zusätze und literarische Notizen nicht selbst ausarbeiten, ich trug sie daher Herrn C. J. B. Karsten auf, der sie nach meiner Angabe mit Hülfe meiner Bibliothek vollendete. Daher ist die Bezeichnung dieser Zusätze mit den Buchstaben K. geschehen. Die Ausführung derselben sowohl, so wie manche andre dadurch entstandene Unvollkommenheiten entschuldigen sich daher nur dadurch, dafs ich den Fortgang dieses Journals durch keinen Aufschub unterbrechen wollte, welcher Fall auch, so viel in meinen Kräften steht, nie wieder eintreten wird."

Dieser hochmüthige und verletzende Ton in einer öffentlichen Erklärung mufste K. um so mehr von Scherer entfernen, als dieser in Wirklichkeit K. doch wieder die Redaction der folgenden Bände fast ganz überlassen mufste, indem Scherer bald in Unterhandlung wegen seiner Versetzung nach Russland trat und wieder durch Reisen an den Redactionsarbeiten gehindert wurde. Es unterblieb zwar „die Bezeichnung der Zusätze mit den Buchstaben K.", aber K. suchte sich aus einer Verbindung zu ziehen, in welcher er nur Handlangerdienste zu verrichten scheinen sollte, während er die wirkliche Arbeit that. Am 30. Octbr. 1802 konnte Link an K. schreiben: „Mit vielem Vergnügen habe ich gehört, dafs Sie nun ganz von Scherer getrennt sind. Von dem Letzteren habe ich überall nicht viel Gutes gehört und Sie sind Ihrer Trennung wegen in den Augen aller die ihn kennen entschuldigt."

Aufser zu den Arbeiten am Schererschen Journal hatte K. seine Zeit in Berlin anderweitig vielfach nützlich angewendet. Zunächst hatte er sich 1801 zu Michaelis als Stud. medic. bei dem Collegium Medico-Chirurgicum inscribiren lassen und hörte fleifsig naturwissenschaftliche Vorlesungen, namentlich schlofs er sich innig an seinen älteren Verwandten D. L. G. Karsten an, der ihm für Mineralogie und für die praktischen Beziehungen dieser Wissenschaft und der Chemie auf das Bergwesen das höchste Interesse einflöfste, ihn auch namentlich aufmunterte, Hüttenanlagen zu besichtigen, und sich mit den metallurgischen Processen bekannt zu machen.

Auch zu schriftstellerischer Thätigkeit in der Mineralogie wurde K. durch seinen Vetter herangezogen; dieser veranlafste, dafs K. und S. Weifs eine deutsche Ausgabe von Hauy's grofser Mineralogie unter D. Karsten's Leitung bearbeiteten. Durch die Wendung seiner Laufbahn mufste indessen K. diese Arbeit bald seinem Freunde S. Weifs ganz überlassen. Zwei andere Arbeiten waren inzwischen von ihm beendet worden: eine Uebersetzung von Baume's chemischem Systeme, und eine Schrift de affinitate chemica, mit welcher er am 12. October 1802 den Doctor-Grad in Rostock erwarb. Dasselbe Thema behandelte K. ausführlicher in einer Schrift „Revision der Lehre von der chemischen Affinität", welche 1803 in Leipzig erschien (s. Anhang 4), und wiederholt ist er noch in späteren Jahren, wie wir sehen werden, auf dasselbe zurückgekommen, in diesem Falle wie in anderen wichtigern die merkwürdige Beharrlichkeit beweisend, mit welcher er ein einmal in's Auge gefafstes Ziel immer wieder verfolgt, wenn auch sein amtlicher Beruf und seine wissenschaftlichen Arbeiten ihn nach ganz anderen Gebieten zu führen scheinen.

Eifriger Student, Hauptredacteur einer umfangreichen Zeitschrift, Uebersetzer fremder Werke und Autor eines eignen, dies Alles im Zeitraum von 1½ Jahren, nicht etwa oberflächlich, sondern gründlich und tüchtig, das war eine so überraschende Thatkraft und Reife, dafs es, um ihn für den Staatsdienst auszuwählen, kaum solcher Kenner des Manneswerthes bedurft hätte, wie D. L. G. Karsten und der Minister v. Reden. Diese beiden Männer waren es, welche nun zunächst K's. Lebensrichtung bestimmten.

Wie schon erwähnt, hatte K. auf Anlafs seines Vetters begonnen, sich mit der Anwendung der Chemie auf die Hüttenprocesse zu beschäftigen. Einzelne kleinere Arbeiten in dieser Richtung veröffentlichte er schon in Scherer's Journal, aber erst nach der Trennung von Scherer, im Herbste 1802, gelangte er dazu auf verschiedenen Hüttenanlagen, z. B. den Vielitzer Eisenschmelzen und andern Eisenwerken der Neumark, praktische Beobachtungen anzustellen.

Die Resultate seiner Beobachtungen fafste K. in einer Abhandlung über den Unterschied des Stabeisens, des Roheisens und des Stahls, und über die Erzeugung des Roheisens in den Hohöfen zusammen. Dieser Abhandlung fügte K. ein curriculum vitae hinzu und bat um die Erlaubnifs, die Schlesischen Eisenhüttenwerke besuchen zu dürfen, um den Betrieb und Haushalt daselbst kennen zu lernen. Dieser Aufsatz wurde durch D. L. G. Karsten dem Minister v. Reden am 19. Februar 1803 übergeben, schon am 22sten desselben Monats erfolgte eine günstige Antwort, begleitet mit einem Reisepafs und einer offenen Ordre an sämmtliche Schlesische Hütten-Aemter, K. den Zutritt zu allen metallurgischen Arbeiten und zu den Registraturen zu gestatten (Anhang 5). Zugleich sprach der Minister die Erwartung aus, dann und wann fernere Ausarbeitungen über die beobachteten Gegenstände von K. zu erhalten.

Ohne eine bestimmte Anstellung beschäftigte sich nun K. vorzüglich damit, sich mit dem Dienst- und Geschäftsgange auf den Hütten-Aemtern, so wie mit dem Haushalte und dem Betriebe auf den Eisenwerken vertraut zu machen, und wurde ihm vom Minister v. Reden vom 1sten Juli 1803 ein Taggeld von 20 Sgr. bewilligt. In dieser Stellung sendete K. dem Minister mehrere Memoiren ein, so namentlich Bemerkungen über die Mängel, welche er bei dem Betriebe auf der Friedrichs-Hütte beobachtet hatte. Er erhielt auf seinen Vortrag die Erlaubnifs, auf der Gleiwitzer Hütte eine Steinkohlentheer-Fabrikation einzurichten, welches ihm so glücklich gelang, dafs ihm am 14. Nov. 1804 eine Remuneration von 100 Thalern überwiesen wurde.

Aus dieser Zeit der Lehrjahre K's. dürften nur wenige Männer noch leben, die über seine Thätigkeit aus eigner Anschauung berichten könnten. Einer dieser Veteranen giebt uns aber einen hübschen Beitrag zur Beurtheilung von K's. lernbegierigem Eifer, indem er in einem Briefe sagt: „mir scheint berücksichtigungswerth, dafs K. sich besonders die mehr praktisch gebildeten Beamten auswählte, um mit ihnen im Grofsen und Kleinen die Hüttenmännischen

Arbeiten durchzugehen; und hierbei stellte er sich zu denselben vollkommen in das Verhältnifs eines Schülers zu den Lehrern. Unter diesen Beamten mache ich besonders namhaft den Oberhütten-Inspector Paul, den Hütten-Inspector Stünkel, den Oberhütten-Rath Schulz. Von ihnen lernte er das stattfindende Verfahren kennen, und bemühte sich demnächst mit ihnen gemeinsam die wissenschaftlichen Gründe zu ermitteln, warum dies und nicht ein andres praktisches Verfahren angewendet werde. So bildete er der Wissenschaft einen Eingang in die Praxis und ging in diesem Gebaren oft bis in die unterste Arbeitsstufe hinunter. So war z. B. der alte Frischmeister Bröcker in der Stabeisen-Fabrikation der wesentlichste Lehrmeister von K. und von diesem auch als solcher anerkannt gewesen, obgleich Bröcker nicht immer fein in seinem Benehmen war; wenn K. vielleicht zu schnell mit theoretischen Gründen bei der Hand war, war Bröcker der Ansicht „dafs der Herr Berliner Doctor noch nicht praktisch genug ausgebildet, um darüber sachkundig urtheilen zu können." — —

K's. praktische Arbeiten sowohl wie die dem Minister übersendeten Abhandlungen, bestätigten diesen in der guten Meinung, welche er von K's. Talent und Fleifs gehegt hatte, und überzeugten ihn von dem Gewinne, welchen der Staat aus den thätigen Diensten K's. ziehen würde. Durch Rescript vom 26. Dec. 1804 wurde K. daher zum Referendarius bei dem Schlesischen Ober-Bergamte ernannt und ihm aufser der Remuneration von 20 Sgr. täglich noch sub nomine Quartiergeld eine tägliche Beihülfe von 10 Sgr. bewilligt (s. Anhang 6).

So war nun K. in den Zweig des Staatsdienstes eingeführt, in welchem er fast 50 Jahre mit solcher Auszeichnung als Schöpfer neuer, als Beförderer der vorhandenen Betriebsquellen, vor Allem als Begründer der wissenschaftlichen Behandlung der Metallurgie thätig sein sollte.

## 3. Zeit der Amtsthätigkeit in Schlesien 1805—1819.

In der ersten Zeit nach K's. Anstellung scheint in der Art seiner Beschäftigung nichts geändert worden zu sein, vielmehr mufs der Minister es für zweckmäfsig gehalten haben, K. noch ferner durch Beobachtung der verschiedensten technischen Operationen zu beschäftigen, theils wohl zu seiner Ausbildung, theils aber um von dem richtigen praktischen Blicke, der sich in des jungen Mannes Arbeiten kund that, Nutzen zu ziehen. K. erhielt also den Auftrag, mit Anfang des Jahres 1805 eine kurze Bereisung der oberschlesischen und südpreufsischen unter Administration stehenden Hüttenwerke zu unternehmen und über seine Beobachtungen zu berichten.

Schon am 25. April 1805 überreichte K. dem Ober-Berg-Amte 6 Promemorien über verschiedene Gegenstände, und als Nachtrag am 13. Juni 1805 eine Beschreibung des Verfahrens der Zinkfabrikation in Wessola. Es wurden nämlich auf der im Fürstenthum Plefs gelegenen Hütte Wessola damals die ersten Versuche in Schlesien gemacht, aus zinkhaltigem Ofenbruch der Eisenhohöfen Zink darzustellen, und K. war der Auftrag ertheilt, das Verfahren, welches zur Zeit als ein Geheimnifs behandelt wurde, an Ort und Stelle kennen zu lernen. Diese letztere Arbeit über die Zinkfabrikation bildet den Anfang von der grofsen Reihe von Untersuchungen K's. über das Zink, welche endlich zu dem glänzenden Resultate, zu der Begründung der mächtigen Zinkindustrie Schlesiens führten, unter den vielen Verdiensten K's. wohl eines der gröfsten, durch welches er sich dauernden Anspruch auf den Dank des Staates überhaupt, und besonders der Provinz erworben hat, welcher er die neue Industrie zuführte.

Jene ersten 6 Promemorien, die sich nur auf unbedeutende Gegenstände bezogen, sind aber dennoch zu erwähnen, weil sie einen Beweis für die Umsicht des eben 22jährigen jungen Mannes liefern, dessen Bemerkungen durchgehends für richtig anerkannt, bei der energischen Oberleitung sofort praktische Anwendung fanden. Die Promemorien, welche selbst nicht mehr vorliegen, deren Inhalt aber aus einem Berichte des Breslauer Ober-Berg-Amts und aus der Resolution des Ministerii erhellt, behandelten folgende Gegenstände: 1) über die Coaktheeranstalt zu Gleiwitz, 2) über die Errichtung einer Rufsbrennanstalt zu Gleiwitz, 3) über die Einrichtung einer Erzablage diesseits der Liswarthe, 4) über den Betrieb des Creutzberger Hohenofens, 5) über die Versendung des Pankyer Eisens nach Warschau und 6) über den Nachtheil der für die Friedrichshütte durch das starke Aushalten der Kaufglätte entstehen wird.

Auf den am 16. Juni vom Ober-Berg-Amt erstatteten Bericht, erfolgte bereits am 5. Juli eine Resolution, welche die von K. gemachten Vorschläge sämmtlich billigte und nur über das sub 2 erwähnte Promemoria bestimmt, dafs die in Vorschlag gekommene Benutzung der Staubkohlen zum Rufsbrennen vorerst noch beruhen müsse. In derselben Resolution erfolgte auch der Bescheid auf das 7te Promemoria über den Zinkofen zu Wessola, und gab den ersten Impuls zur Anstellung von Versuchen aus Galmei Zink darzustellen. Es heifst nämlich in der Resolution:

„Ihr habt dem Referendarius Karsten über den Aufsatz, welcher den Betrieb des Zinkofens zu Wessola betrifft, die verdiente Zufriedenheit zu bezeugen. Nach demselben ist diese Zink-Fabrikation allerdings fehlerhaft und zu kostbar, und da die Berechnungen des Verfassers ergeben, dafs von der Anlage einer Zinkhütte für landesherrliche Rechnung Vortheile zu hoffen sind, so wollen Wir dieserhalb genauere Vorschläge, mit Zeichnungen und Kostenanschlägen begleitet, von Euch erwarten. Unterdessen habt Ihr auch Versuche im Kleinen mit Reduction des Galmeis auf trockenem Wege zu veranstalten und auf die Resultate derselben Euer Gutachten zu gründen, ob die Anlage blofs auf die Benutzung des Schwamms der hohen Oefen oder auf Gewinnung des Zinks aus dem Galmei zu richten seyn wird, zumal von Entscheidung dieser Frage, die Auswahl des Orts der Anlage gröfstentheils abhängen wird."

Zum Beweise der Zufriedenheit wurde K. vom Ministerio für diese Arbeiten eine Remuneration von 100 Thalern bewilligt und derselbe zum Assessor befördert. Diese Beförderung geschah nach protocollarischer Verhandlung vom 25. October 1805 in der Weise, dafs K. von dem Staatsminister Grafen Reden „wegen seines seither bewiesenen Fleifses, Application und Kenntnisse", als Assessor bei dem Schlesischen Ober-Berg-Amte eingeführt ward, wobei bestimmt wurde, dafs K. aufser den Friedrichshütter (Blei-) Sachen, auch gemeinschaftlich mit dem Ober-Hüttenrath Abt, sämmtliche Königliche Schlesische Eisenhüttensachen bearbeiten sollte. K. erhielt im Ober-Berg-Amte als wirklicher Ober-Berg-Amts-Assessor seinen Sitz als Officiant vom Leder hinter dem Königlichen Ober-Berg-Rath Grafen v. Einsiedel.

Es sei hier gleich der fernere Verlauf von K's. Personalverhältnissen bis zu seiner Ernennung zum Bergrath kurz erwähnt. Die gemeinschaftliche Bearbeitung der Eisenhüttensachen mit Abt dauerte bis in das Jahr 1808, scheint jedoch für beide Theile Unbequemlichkeiten gehabt zu haben: Abt gab über die Departements-Verwaltung der Königlichen Oberschlesischen Eisenhüttenwerke unterm 16. Febr. 1808 ein Promemoria ab, welches K. veranlafste, am 22sten desselben Monats ein Gleiches zu thun. In diesem Promemoria setzte K. auseinander, dafs nicht eine gemeinschaftliche Bearbeitung desselben Gegenstandes, sondern eine alternirende der vorkommenden Geschäfte, von wirklichem Nutzen sein könne. „Die gemeinschaftliche Bearbeitung", sagt K., „hat auch ihre Mängel; zuerst werden die Sachen dadurch unnöthigerweise verschleppt, und dann würde eine kleine Reibung zwischen dem Referenten und Correferenten unmöglich ausbleiben können; auf den ersteren würde die ganze Last der Geschäfte fallen, und der letztere würde nichts zu thun haben. Es kann überhaupt nichts gehässiger sein, als das Vortragsstück des Referenten mit Marginalien zu besäen, die nichts weiter sagen, als was der Referent ohnedies zu sagen gehabt haben würde." Man sieht der Assessor hatte dieselben Grundsätze wie der ergraute Beamte, schnelle, sichere und selbstständige Ausführung aller Arbeiten, das war es was ihm ein nothwendiges Attribut des tüchtigen Beamten schien, wie ihm selbst bis in sein Alter diese Eigenschaften im höchsten Maafse eigenthümlich waren.

Die Vorschläge, welche K. zur Theilung der Geschäfte zwischen Abt und sich machte, und welche vom Dirigenten des Collegii, dem Ober-Regierungsrath und Ober-Berg-Richter Steinbeck befürwortet wurden, kamen übrigens nicht zur Anwendung, da um jene Zeit unerwartet der Bergrath Hohenberger starb, welcher die Kassen-Angelegenheiten bei dem Schlesischen Ober-Berg-Amte verwaltete; nun wurde durch Rescript des Bergwerks- und Hütten-Departements vom 15. April 1808 dem Ober-Hüttenrath Abt das Kassen-Departement übertragen.

Eine Gemeinsamkeit der Arbeiten zwischen Abt und K. blieb noch insofern bestehen, als K. „in Ansehung der Haupt-Eisenhütten-Betriebs-Kasse, Haupt-Eisenhütten-Bau-Kasse und aller speciellen landesherrlichen Hütten-Kassen", ferner „bei allen übrigen Angelegenheiten, den Handel, die Eisen-Spedition oder das generelle Kassen-Wesen betreffend, zu Abts Geschäftskreis hinzugezogen werden sollte. An K. dagegen wurde die Leitung des ganzen Hütten-Wesens „es mag Eisen-, Blei-, Kupfer-, Zink-, Vitriol-

Blaufarben- oder andere metallurgische landesherrliche oder Privat-Werke anlangen, die schriftliche Bearbeitung der darüber bei dem Ober-Rerg-Amte eingehenden Piecen, nebst den häufig vorzunehmenden örtlichen Recherchen und der ersten Beurtheilung des jährlichen Betriebs, Zuschnitte und Oekonomie-Pläne in loco" übertragen. Ferner heifst es in dem Rescript: „der p. Karsten hat sich sodann alles dessen, was die Anschaffung des Eisens betrifft, dergestalt zu unterziehen, dafs derselbe sowohl auf den landesherrlichen Hütten für die bestmöglichste haushälterische Fabrikation der zum Landesbedarf und Handel vom Ober-Berg-Amte in Bestellung zu gebenden Eisensorten sorgt, als auch die mangelnden Quanta und Eisenarten bei den Privat-Besitzern nach zuvor vom Ober-Berg-Amte erachteter Rathsamkeit oder Nothwendigkeit, in Auftrag des Collegii contrahiret, sowie ein gleiches behufs der den landesherrlichen Werken mangelnder Roh-, Prügel-, Kolben-, Blech- etc. Eisensorten, von ihm selbst oder unter seiner Anleitung geschehen mufs."

Die K. übertragene Aufgabe war somit eine sehr bedeutende, wie sie wohl selten einem 25jährigen Manne anvertraut wird, namentlich unter so schwierigen Verhältnissen wie den damaligen, wo der Staat die gröfsten Ansprüche an Einnahmen aus den Hülfsquellen des Landes, also auch der Berg- und Hüttenmännischen Produktion, machte, während dem Betriebe keine andere Mittel gewährt werden konnten, als welche er aus sich selbst zu ziehen wufste.

K's. Stellung war eigentlich nicht die eines Assessors, sondern eines höheren Beamten, doch konnte die Regierung ihm bei der Lage der Dinge keine höhere Stellung anweisen, welche zugleich ein gröfseres Gehalt erfordert hätte. Das Rescript des Departements sprach dieses auch aus, indem gesagt wird: „Dem Assessor K., welchen sein nunmehr sehr erweiterter Wirkungskreis und die damit verknüpfte grofse Responsabilität bei seiner geringen Einnahme zu einer angemessenen Zulage wohl berechtigt, kann man eine Vermehrung seines Gehaltes aus den bei dem Ober-Berg-Amte vacanten fixen Salarien noch nicht anweisen, indem hierbei eine gänzliche Aenderung nöthig ist, deren Realisirung das Departement sich bis zur gänzlich wiederhergestellten Ruhe und Ordnung der Dinge vorbehält. Zu einiger Vergeltung will dasselbe ihm daher unterdessen vacante Antheile aus den Provisions-Kassen der Hüttenwerke, auf deren Emporbringung doch seine Kräfte hauptsächlich verwendet werden müssen, zukommen lassen, und zwar vom 1. März a. c. gerechnet: 1) aus der Malapaner Hütten-Provisions-Kasse $^{9}/_{96}$, 2) aus der Creuzberger Hütten-Provisions-Kasse $^{8}/_{96}$, 3) aus der Gleiwitzer Hütten-Provisions-Kasse $^{3}/_{24}$, 4) aus der Königshütter Provisions-Kasse $^{3}/_{24}$, 5) aus der Friedrichshütter Provisions-Kasse $^{1}/_{12}$."

K's. Einnahmen beliefen sich hierdurch auf etwa 800 Thlr., und setzten ihn in den Stand, den sehnlichsten Wunsch seines Herzens zu befriedigen, indem er seine geliebte Braut Adelaide Rosenstiel, jüngste Tochter des Bergraths, später Geheimen Ober-Finanzraths und Direktors der Königlichen Porzellan-Fabrik in Berlin, P. F. Rosenstiel, mit welcher er seit dem 18. August 1806 verlobt war, nunmehr am 4. August 1808 heimführen konnte, um sich fortan von ihr, der treuen liebevollen Lebensgefährtin, bis zu seinem Tode nicht mehr zu trennen.

Auch die Beförderung im Amte oder richtiger im Titel und zur festen Salarirung, liefs nicht lange auf sich warten. Unterm 21. Febr. 1810 hatte der Chef des Ober-Berg-Amtes, Steinbeck, einen Antrag ad regem gerichtet, in dem er die Beförderung K's. mit Anführung von dessen verdienstlicher Thätigkeit befürwortete. „Der Ober-Berg-Amts-Assessor K. hat den Hüttenbetrieb, wie Ew. Königl. Majestät zur Genüge bekannt ist, selbst in der drückenden Periode des Krieges mit der gröfsten Umsicht geleitet. Er hat, nach dem Kriege, besonders bei dem Geschützgufs und der Gewehr-Fabrication grofse Dienste geleistet. Denn ohne seine thätige Mitwirkung möchten wir wohl darin nicht so weit vorgerückt sein, als wirklich geschehen ist. Er hat endlich sehr wesentlich zur Realisirung der Zink-Fabrikation mitgewirkt, und besonders diese Mitwirkung an Ort und Stelle ausgeübt, ohne hiebei seine geschwächte Gesundheit im geringsten zu berücksichtigen. Der aus dieser Fabrication entstehende Vortheil ist bekannt, ich darf daher solchen nicht weiter berühren."

Der Antrag gelangte indessen nicht bis zum Könige, da inzwischen schon unterm 17. März 1810 der König das Patent unterzeichnete, welches K. zum Bergrath ernannte. Leider folgte dieser Ernennung, welche besonders als Beweis der nun wieder fortschreitenden Administration des Bergwesens für K. erfreulich war, ein Ereignifs, welches K. tief erschütterte: der Tod seines theuren Freundes D. L. G. Karsten. Noch am 17. April 1810 kündigte dieser an K. dessen Beförderung und die neue Organisation des Bergwesens in einem herzlichen Briefe an, in welchem er K. freudig in seinem Fortschreiten begrüfst, und über seine eigne neue Stellung ahnungsvolle Zweifel erhebt [1]); schon

[1]) In diesem Briefe, den ich als bezeichnend für das Verhältnifs der beiden Freunde und den liebenswürdigen Charakter D. L. G. K's. hier im Auszuge mittheile, heifst es: „Mit diesen Zeilen werden Sie, mein theurer Freund, wohl die heutige Zeitung erhalten, und daraus ersehen, dafs ich berechtigt bin Sie öffentlich Bergrath zu nennen. Diese Beförderung ist übrigens nicht das Werk des Zufalls oder einer Nebenrücksicht, wie Sie einmal gegen Rosenstiel geäufsert zu haben scheinen, sondern der lebendigsten Ueberzeugung Ihres Verdienstes. Dies wird R., wenn er sonst darüber noch schreiben sollte, um so mehr bezeugen, als er weifs, dafs ich schon im März 1809 Sie in Königsberg zum Hüttenrath vorgeschlagen habe. Damals achtete man dort auf nichts was Schlesien betraf, also nahm ich vor Kurzem den Vorschlag wieder auf. Sehen Sie, mein wahrhaft hochgeschätzter Freund und Vetter, so ist die eigentliche Lage der Sache. Gestern ist also endlich alles von oben herab in extensis an uns gelangt, d. h. nach Jahr und Tag im eigentlichsten Sinne. Das Departement ist dadurch aufgelöst, Gerhard pensionirt und „Vater Rosenstiel" wegen erfolgter Trennung des Münzwesens und der Porzellan-Manufactur vom Ministerio des Innern gänzlich zum Ministerio der Finanzen übergegangen. Des-

wenige Wochen darauf müssen klagende Briefe zahlreicher Freunde [1]) den Tod des Mannes melden, der von allen Männern K. in seinem ganzen Wesen am nächsten stand.

Die grofse Thätigkeit, welche K. gerade jetzt, wieder in einer neuen Richtung entfalten mufste, nämlich in der Einrichtung einer Gewehr-Fabrikation, war insofern ein Glück, als sie ihn den Schmerz über den Verlust des Freundes leichter überwinden liefs. Bald wurde K. in Folge seiner Leistungen auf einen neuen Posten befördert,

---

halb hat der König die neue General-Bergbau-Direktion im Ministerio des Innern meiner speciellen Leitung anvertraut. Meine Lage ist nun ganz eigen. In ökonomischer Hinsicht hat mich die Grofsmuth des Königs jetzt so gesetzt, dafs Gottlob die Sorgen wegen der Zukunft gehoben sind. Ich darf ferner hoffen, dafs, wenn die neuen Staatsgrundsätze mir die Flügel nicht zu sehr lähmen, ich viel Gutes stiften kann. Aber mein ganzes Leben bekommt eine andre Richtung. Wo werden die Wissenschaften bleiben, denen ich aus Neigung huldigte? Was ich jetzt übernommen, war Folge des Pflichtgefühls, besonders gegen Frau und Kind. Ruhe, Zurückgezogenheit von der Welt, wissenschaftliche Forschungen, — darnach habe ich mich gesehnt. Von diesem Ziele entferne ich mich mehr als je. Und wie lange wird mein Körper es aushalten? Ich fühle mich noch sehr matt, die Brust sehr schwach. Auch jetzt mufs ich abbrechen, da die Transpiration als Merkmal der Mattigkeit mich wieder überfallen hat. Bin ich nun mehr zu bedauern oder glücklich zu preisen, mehr zu beneiden oder zu bemitleiden? Getrauen Sie Sich diese Fragen aufrichtig und bestimmt zu beantworten? Ich selbst vermag es nicht. Nur so viel weifs ich gewifs, dafs Sie mir als öffentlicher Beamter und als Freund höchst werth sind und bleiben. Erhalten auch Sie mir Ihr Vertrauen ...."

[1]) Sehr schön schreibt Rosenstiel: Ihren letzten Brief, lieber Herr Sohn! beantworte ich heut nicht — ich habe schlechterdings keinen Sinn für Geschäfte, mein ganzer Mensch ist in Wehmuth versunken — die ich Ihnen mittheilen mufs. Unser Karsten ist entschlafen! Ich klage ihn nicht an, den theuren Freund, dafs er, die Zierde unsres Familienkreises, zuerst aus diesem Kreise getreten. Er wollte ja nicht und liegt so freundlich da und weifs nicht, dafs er gestorben ist. Ich klage ihn nicht an, dafs er die Zügel der General-Bergbau-Direction in die Hand genommen und sie gleich wieder fallen lassen. Er wollte wirken und tausend Beweise seines edlen trefflichen Willens und Wirkens liegen in seinem Arbeitszimmer! — Ich beklage uns und Sie und die Bergwerks-Anstalten, und das Kabinet und den Orden der Brüder, worin er so wirksam war, und die freundlichen Zirkel, die er so gern besuchte — und vor Allen die trostlose Wittwe und trostloseren Kinder! O es ist ein harter Schlag!!

den er dann bis zu seinem Abschiede von Schlesien inne behielt. Unterm 9. December 1811 ward sein Patent als Ober-Hüttenrath und Ober-Hütten-Verwalter für Ober- und Nieder-Schlesien vom Könige unterzeichnet.

Es wird passend sein, ehe wir zu K's. spätern Personalverhältnissen übergehen, genauer seine Wirksamkeit während der Dienstjahre die er in Schlesien zubrachte zu betrachten. Drei grofse Arbeiten kommen hierbei vorzugsweise in Betracht: Die Gründung der Zinkindustrie, die Bemühungen um die Gewehr-, Geschütz- und Munitions-Fabrikation, die Emporbringung des Eisenhüttenwesens.

Was zuerst die Einwirkung K's. bei der Einführung des Zinkhüttenbetriebs in Schlesien betrifft, so beginnt dieselbe, wie schon erwähnt, mit dem Auftrage, welchen K. 1805 erhielt, den Betrieb des Zink-Ofens in Wessola im Fürstenthum Plefs zu prüfen. In Wessola wurde Zink aus Ofenbruch bereitet, man hielt aber das Verfahren geheim, und es scheint auch aus einem späteren Berichte hervorzugehen, dafs K. keine vollständige Einsicht in das Verfahren erlangen konnte.

In dem ersten Promemoria, welches K. am 16. Juni 1805 einreichte, gab er eine Beschreibung des Zink-Ofens und des Verfahrens, so weit seine Beobachtungen hatten dringen können. Dies Verfahren bestand darin, dafs in einem sehr einfachen Ofen, in welchen 4 thönerne Muffeln eingesetzt werden konnten, diese hinlänglich erhitzt wurden, um eine Destillation des Zinkes aus dem Ofenbruch zu bewirken. Die Hauptübelstände, welche K. in technischer Beziehung bemerkte, waren der grofse Verlust an Zink durch das Entweichen des Zinkdampfes aus den leicht Risse bekommenden Muffeln, die mangelhafte Condensation des Zinkdampfes und die schlechte Construction des Ofens, wodurch eine Verschwendung an Brennmaterial bedingt wurde. Aufserdem wies K. die unverhältnifsmäfsige Höhe der Löhne wegen der zu grofsen Arbeiterzahl nach. Nichts destoweniger ergab sich, dafs bei allen Fehlern des Betriebes ein beträchtlicher Vortheil schon in Wessola gewonnen wurde, nämlich bei den ungünstigsten Annahmen ein Reinertrag von circa 2 Thlr. pro Centner Zink (bei dem damaligen Verkaufspreise von 14 Thlr.), oder dafs bei dem jährlichen Produktionsquantum in Wessola von circa 250 Ctr. Zink eine so unvollkommene Anlage einen Reinertrag von circa 500 Thlr. liefere.

K. empfiehlt daher unbedingt die Anlage eines Zinkofens für landesherrliche Rechnung, macht Vorschläge zur verbesserten Einrichtung, giebt einen Ueberschlag der Kostenberechnung und weist vor allen Dingen auf die Zweckmäfsigkeit von Versuchen hin, das Zink aus dem Galmei statt aus dem Ofenbruch zu bereiten, weil bei erweitertem Betriebe dieses letztere Material nicht in hinreichender Menge zu beschaffen sein werde, Galmei aber in Wessola nur wegen der mangelhaften Verfahrungsart nicht zu benutzen sei.

Das Departement forderte auf dieses Promemoria hin einen Plan zu Versuchen über die Darstellung des Zinks aus Ofenbruch oder Galmei ein, und ein solcher Plan mit Kostenanschlag wurde am 5. Decbr. 1805 von K. übergeben. Am 19. Decbr. erfolgte der Bescheid, welcher das Projekt billigte, aber mit der Ausführung des projektirten Ofens noch zu warten befahl, bis kleinere Versuche, welche inzwischen Graf Reden auf der Friedrichshütte durch den Hütten-Inspector Bouterweck und den Hütten-Assistenten Frommelt angeordnet hatte, genauere Anhaltspunkte gewährt haben möchten.

Diese Versuche scheinen keinen Erfolg gehabt zu haben, und nach den unglücklichen Ereignissen des Jahres 1806 mufste die ganze Angelegenheit ruhen.

Erst unter dem 25. Januar 1807 wurde K. beauftragt, die Arbeiten wieder aufzunehmen und zwar auf Königshütte. Bei den nun mit grofsem Eifer unternommenen Experimenten ergaben sich so bedeutende technische Schwierigkeiten, dafs 1 $^1/_2$ Jahr darüber hingingen, ehe dieselben überwunden werden konnten. Erst am 7. Juli 1808 konnte K. an das Schlesische Ober-Berg-Amt berichten, dafs die Zink-Eductions-Versuche endlich glücklich beendigt seien, und er nun beabsichtige, zum Bau einer Zinkhütte zu schreiten. Er legte in diesem Berichte einen allgemeinen Plan zu einer ununterbrochenen Zink-Fabrikation von 1800 bis 2000 Ctr. jährlich vor, sprach aber auch die Befürchtung aus, dafs die Produktionskosten sich bedeutend höher stellen würden, wie er früher berechnet hatte, weil einerseits durch die Concurrenz mit Wessola der Preis des Ofenbruchs bedeutend gestiegen sei (von 6 Gr. bis über 2 Thlr. pro Centner!), andererseits der Galmei im Vergleich mit dem Ofenbruch nur geringen Zinkgehalt habe.

Nichtsdestoweniger mufs K. eine grofse Zuversicht gehabt haben, dafs das unternommene Werk zu einem glücklichen Resultate führen würde, denn ehe noch ein Ofen gebaut war, schlofs er mit einem Kaufmann Liborius aus Hamburg einen Contrakt ab, nach welchem er noch im Jahre 1808 ein Quantum von 600 Ctr. Zink, d. h. mehr als die doppelte Jahresproduktion von Wessola, zu liefern übernahm. Dieser Contrakt war hauptsächlich geschlossen, um in dem Kaufmann Liborius einen Abnehmer für solche damals ganz ungewöhnlich grofse Zinkquanta zu gewinnen, und K. hatte auf die Unterstützung von Wessola gerechnet, von wo aus ihm eine bedeutende Zinklieferung zugesagt worden war; doch beging K. die Unvorsichtigkeit, keinen bindenden Contrakt über diese Zusage mit der Rentkammer zu Plefs abzuschliefsen. Als nun durch Conjunkturen eigner Art die Zinkpreise von 14 Thlr. auf 28 Thlr. pro Centner in die Höhe gingen, forderte die Rentkammer höhere Preise, und um nicht aufserordentlichen Schaden zu leiden, mufste K. auf die Hülfe von Wessola verzichten, sah sich aber nun aufser Stande, den Liborius rechtzeitig zu befriedigen.

Mit diesem kam nun ein Vergleich zu Stande, nach welchem ihm statt der 600 Ctr. unter der Bedingung 1000 Ctr. geliefert werden sollten, dafs ein bestimmter Ablieferungstermin nicht festgesetzt würde.

Mit dieser schweren Verpflichtung belastet begann nun der Bau der Zink-Oefen, und in einem unterm 4. Februar 1809 abgestatteten Berichte an das Ministerium, in welchem dieses Verhältnifs mit dem Kaufmann Liborius dargestellt wurde, konnte K. schon mittheilen, dafs in dem gebauten Probeofen 76½ Ctr. Zink dargestellt seien, dafs er hoffe bis Ende Juli die 1000 Ctr. dem Liborius abliefern zu können, und dafs sodann nach dieser Ablieferung nicht allein die ganzen Baukosten der Zink-Oefen abgetragen und alle Versuchskosten bezahlt, sondern auch vielleicht noch einige Materialienvorräthe angeschafft sein würden. Eine genauere Beschreibung der Versuchsarbeiten, der Oefenanlagen und eine Darstellung der Betriebskosten wird in diesem Berichte nach Beendigung des Baues zugesagt.

Hierauf erfolgte ein Reskript des Bergwerks- und Hütten-Departements vom 24. Februar 1809, in welchem zwar das Verdienstliche der Anlage anerkannt wurde, K. jedoch einen starken Verweis erhielt, weil er unvorsichtig den Lieferungsvertrag mit Liborius geschlossen habe, ohne sich wenigstens der Unterstützung der Hütte zu Wessola contractlich zu versichern, ferner weil er eigenmächtig den Bau der Oefen in so bedeutender Ausdehnung veranlafst habe, dafs die Kosten der Anlage sich auf 10,000 Thlr. Münze belaufen würden, er hätte mindestens dem Departement von seinen Maafsregeln Anzeige machen sollen. „Dadurch, dafs dieses unterlassen ist, hat der Ober-Berg-Amts-Assessor Karsten die Dienstform ganz verletzt und so wie einestheils derselbe anzuweisen ist, für die Folge die desfalsigen Vorschriften besser zu beobachten, so hat er nun auch für jetzt die ganze Verantwortlichkeit der Sache und der Nützlichkeit der Anlage zu tragen." Inzwischen waren die Anordnungen zum Bauen einmal getroffen, und der am 1. November 1808 begonnene Bau schritt so schnell fort, dafs die erste Zinkhütte (Lydognia-Hütte) auf Königshütte mit dem ersten Zinkdestillirofen am 1. März 1809 in Betrieb kam, am 1. Mai 1809 aber sich schon alle 10 Oefen, auf welche die Anlage berechnet war, im Gange befanden.

Am Schlusse des Juni war hinreichende Erfahrung gesammelt, um einen regelmäfsigen Betriebsplan vorlegen zu können, und K. reichte nun unterm 24. September 1809 einen umfangreichen, eigenhändig concipirten Bericht ein, in welchem er 1) eine ausführliche Darstellung aller Versuchsarbeiten giebt, 2) die neue Zinkhüttenanlage detaillirt beschreibt, 3) für das erste halbe Jahr bis Ende Juni 1809 die Rechnung ablegt, 4) eine Belohnung für die um die glücklichen Resultate verdienten Beamten: Wedding, Stünckel, Kalide, Freitag und Böhnisch beantragt, endlich 5) den Betriebsplan für die Zukunft vorlegt. Aus diesem interessanten Berichte entnehmen wir die folgenden Notizen. Bei dem Wiederbeginn der Versuche im Jahre 1807 hatte man zu Anhaltspunkten einerseits K's. Beobachtungen in Wessola, anderseits unvollständige Beschreibungen von Reisenden durch Ungarn, aus denen zu schliefsen war, dafs in diesem Lande Zink aus Galmei in senkrecht stehenden thönernen Röhren durch eine nach unten gehende Destillation bei Flammenfeuer erzeugt werde. Auch wufste man, dafs der Chemiker Markgraf aus einer irdenen Retorte, welche mit einer durch Wasser gesperrten Vorlage versehen war, Zink dargestellt hatte.

Man begann mit dem letzteren Verfahren, welches bei Versuchen im Kleinen, sowohl beim Ofenbruch als beim Galmei den besten Erfolg hatte, aber keine Anwendung im Grofsen gestattete. Hierauf ging man zu den Versuchen nach der Ungarischen Methode über. Auch hier waren die Versuche im Kleinen glücklich, nicht nur indem thönerne

Röhren angewendet wurden, sondern auch, was wegen der Anfertigung und Haltbarkeit der Geräthe von gröfster Wichtigkeit war, als man eiserne Röhren, die mit Thon beschlagen wurden, benutzte. Bei Uebertragung dieser Erfahrung auf Versuche im Grofsen ergaben sich aber solche Schwierigkeiten und die Gewinnung des Zinkes zeigte sich nach dieser Methode so wenig vortheilhaft, dafs dieselbe aufgegeben wurde. Erstlich mifsglückte der Versuch einen Windofen anzuwenden, darauf hielten im Flammofen die Thoncylinder nur kurze Zeit aus und die in ihnen entstehenden Risse erzeugten grofse Verluste in der Metallgewinnung oder erforderten zeitraubende Ausbesserungsarbeiten. Eiserne mit Thon beschlagene Cylinder sowohl mit Galmei als mit Ofenbruch beschickt, gaben einen ungünstigen Metallertrag anscheinend wegen zu geringer Hitze; als aber die Hitze gesteigert wurde erfolgte eine Schmelzung der eisernen Cylinder, ein Abplatzen des Thonbeschlages, ohne dafs die Destillation des Zinks ordentlich von Statten ging. Nun wurden liegende Cylinder statt der stehenden benutzt, diese gaben aber noch schlechtere Resultate als die stehenden.

Jetzt folgten Versuche über das beste Material der Destillationsgefäfse, mit reinem Thon, oder mit Thon, dem Flüsse beigemischt wurden, wodurch man die im Ofen entstehenden Risse zu mindern hoffte. Reiner Thon wurde am besten befunden und die hierauf unternommenen Versuche über die zweckmäfsigste Form der Destillationsgefäfse und über die beste Construktion der Oefen, führten endlich auf das jetzt unter dem Namen der „Schlesischen Methode" bekannte Verfahren [1]. Nachdem nunmehr die

---

[1]) Die Beschreibung desselben s. Karsten's Metallurgie Bd. IV. S. 440 ff.; noch specieller die Beschreibung des Verfahrens auf diesem ersten Hüttenwerke s. Karsten's Archiv für Bergbau und Hüttenwesen Bd. II. S. 66 (1819).

Entdeckung einer zweckmäfsigen Methode gelungen war, kam es darauf an, die neue Anlage so zu begründen, dafs man möglichst bald die Verpflichtungen gegen den Kaufmann Liborius erfüllen, und noch von den günstigen Preisconjunkturen Nutzen ziehen konnte. Da die letzten glücklichen Versuche in dem (5.) Probeofen gezeigt hatten, dafs ein solcher mit 4 Muffeln besetzter Ofen wöchentlich im Durchschnitt 6 Ctr. Zink aus Ofenbruch und ungefähr 4 Ctr. aus Galmei liefern konnte, so richtete K. die Hüttenanlage gleich auf 10 solcher Oefen ein, um in kürzester Frist zu einer bedeutenden Produktion zu gelangen. Wurde ihm, wie erwähnt, das eigenmächtige Beginnen einer so grofsen Unternehmung zum Vorwurfe gemacht, so begreift man wie er mit der nach so gründlichen und umsichtigen Versuchen gewonnenen Zuversicht seine Handlungsweise für richtig halten mufste; der Erfolg rechtfertigte ihn glänzend.

Eine geraume Zeit ging über die Ausmittelung eines passenden Platzes für die Hüttenanlage hin, und erst am 1. November 1808 nahmen die Erdarbeiten ihren Anfang. Bei dieser späten Jahreszeit, dem frühen, strengen und stürmischen Winter 1808—1809 ergaben sich für die Ausführung des Baues die gröfsten Schwierigkeiten, welche aber durch die unermüdliche Ausdauer des Königshütter Hütten-Amtes besiegt wurden. „Es genügt wohl," sagt K. in seinem Berichte, „wenn wir um die Verdienstlichkeit des Hütten-Amtes zu schildern, blos aufführen, dafs jeder Ziegel, ehe er vermauert ward, beim Kohlenfeuer aufgethaut, und jeder Nagel, ehe er eingeschlagen ward, vorher erwärmt werden mufste. Dafs aber der Bau auf einem so freien und der gröfsten Kälte ausgesetzten Bauplatze, in dem vergangenen strengen Winter wirklich hat ausgeführt werden können, ist es eben was der Ausdauer des Hütten-Amtes und seiner zweckmäfsigen Behandlungsweise der unwilligen Arbeiter, die oft die physische Unmöglichkeit zu sehen glaubten, zum grofsen Ruhme und Verdienste gereicht."

Durch diese Energie kam also das Werk mit dem Frühjahr 1809 zu Stande und schon mit dem Rechnungsschlufs des ersten Halbjahrs am 23. Juni 1809 waren 970½ Centner Zink oder fast das ganze Quantum gewonnen, welches bei seinem ersten Berichte im Februar K. dem Liborius bis Ende Juli liefern zu können gehofft hatte.

Das finanzielle Resultat ergab sich nun ungemein günstig. Es hatte nämlich der Bau der Anlage inclusive der Versuchsarbeiten nur 8395 Thlr. 22 Gr. 4⅖ Pf. Münze [1]) gekostet, die Produktionskosten für die gewonnenen 970½ Ctr. Zink betrugen 11,395 Thlr. 6 Gr. 7⅘ Pf.; die Summe der Passiva war mithin 19,791 Thlr. 5 Gr. ⅕ Pf. Dagegen betrug der Werth des producirten Zinkes 22,010 Thlr. 22 Gr. 6⅗ Pf., der Werth des Betriebsinventarii 811 Thlr. 4 Gr. 3⅘ Pf.; die Summe der Activa war mithin 22,822 Thlr. 2 Gr. 10⅗ Pf. Folglich hatte sich das Zinkhütten-Etablissement in den wenigen Monaten von seiner Entstehung bis Ende Juni ein reines Vermögen von 3030 Thlr. 21 Gr. 10⅕ Pf. in Münze, oder beinah 2000 Thlr. Cour. erworben, die sämmtlichen Bau- und Anlagekosten abgetragen, die Kosten für die ersten Versuche bestritten und ein Betriebsinventarium angeschafft.

K. schliefst die Rechnungs-Darlegung mit folgenden Worten, die zwar die Vortheile der neuen Anlage in den wichtigsten Rücksichten aussprechen aber doch nicht ahnen lassen, in welchem ungeheuren Umfange diese Vortheile in der Zukunft sich ergeben sollten. „Ew. Königl. Majestät, wird es gewifs um so erfreulicher sein, die glänzenden Resultate eines sich durch sich selbst gehobenen und sich

---

[1]) Nach dem damaligen Course war 1 Thlr. Cour = 1 Thlr. 18 Gr. Münze.

so schnell freigebauten Institutes hier dargelegt zu sehen, als dadurch ein bedeutender neuer Erwerbszweig für die Provinz geöffnet, der Activhandel des Landes vermehrt und baares Geld aus dem Auslande in das Reich gezogen wird. Sollten die baaren Ueberschüsse für Ew. Königl. Majestät Kassen auch nicht sehr bedeutend für die Folge ausfallen [1]), so wird der Erwerb dieses Instituts doch sehr zweckmäfsig, entweder zu neuen Anlagen, oder zur Tilgung eines Theils der Schulden unserer Kassen angewendet werden können. Selbst der durch diese Anlage bewirkte gröfsere Steinkohlen-Debit, ist besonders für die Königsgrube, der es sehr an Absatz der kleinen Kohlen, die nicht Stückkohlen sind, fehlt, von nicht geringer Wichtigkeit. Ew. Königl. Majestät werden es gewifs sehr gern bemerken, dafs sich der Debit der Steinkohlen auf der Königsgrube durch das Zinkhütten-Etablissement in einem halben Jahre um mehr als 30,000 Scheffel vermehrt hat, wovon der durch den Verkauf der Grube erwachsende Gewinn, Ew. Königl. Majestät Kassen ebenfalls zu Gute kommt." Nach dem von K. am Schlusse seines Berichtes aufgestellten Betriebsplane sollten auf der Hütte quartaliter ein Quantum von circa 470 Ctr. Zink producirt werden, wovon er einen reinen Ueberschufs von 1500 Thlr. berechnet [2]).

---

[1]) K. berechnet nämlich die Produktionskosten nach den Anhaltspunkten aus diesen ersten Arbeiten viel höher als sie sich später stellten. Er glaubte sogar, dafs es künftig nicht möglich sein würde Zink zu so billigen Preisen wie dies erste Mal herzustellen, vorzüglich weil die Selbstkosten des Ofenbruchs oder des Galmei's sich schon so beträchtlich gesteigert hätten und sich ferner steigern würden. Die Kraft der Industrie hat die Grundlosigkeit dieser Befürchtung gezeigt, da gegenwärtig bei bedeutend höher gesteigerten Galmeipreisen, Löhnen und Kohlenpreisen der Ctr. Zink zu $\frac{1}{3}$ der damaligen Selbstkosten erzeugt wird. Uebrigens verringerten sich, wie weiter unten bemerkt ist, schon in den nächsten Jahren unter K's. Verwaltung die Produktionskosten bedeutend, namentlich durch die nach der Erfahrung immer mehr sich verbessernden Ofenanlagen.

[2]) Auch hier übertraf der Erfolg sofort die Erwartungen. Schon

K's. Berichte folgte am 1. November 1809 eine Inspektion durch den Geheimen Ober-Berg-Rath D. L. G. Karsten im Namen des Bergwerks- und Hütten-Departements. Dieser fand das Etablissement in allen Stücken durchaus zufriedenstellend ausgeführt, sprach in der zu Königshütte abgehaltenen Conferenz zuvörderst die Anerkennung des Departements über die Zweckmäfsigkeit und gute Ausführung der ganzen Anlage, über die schnelle Execution, über die günstigen Resultate der Fabrikation und über die bisher beim Betriebe der Zinkfabrikation gemachten Fortschritte aus, und setzte alsdann Näheres über den zukünftigen Betrieb fest.

Ein sinniger Dank wurde K. zu Theil, indem festgestellt wurde „das Zinkhütten-Etablissement solle von nun an in allen Verhandlungen und Rechnungen den Namen Lydognia führen" (nach dem Namen K's. geliebter Frau Lida, an deren Geburtstage auch der erste Ofen der Hütte in Gang gesetzt worden war).

Ein weiteres Reskript des Bergwerks- und Hütten-Departements vom 13. Decemb. äufsert sich nochmals sehr befriedigt über die guten Betriebsresultate der Zinkfabrik Lydognia und empfiehlt besonders auf die Zinkfabrikation aus Galmei Bedacht zu nehmen.

Die ganze Angelegenheit, welche für K. mit so zweifelhaften, ja drohenden Aussichten begonnen hatte, war so im Gegentheil ihm zur Ehre und dem Lande zum Seegen ausgefallen; sie schliefst hier mit einer Cabinetsordre des Königs an die Staatsminister Freiherren von Altenstein und Grafen zu Dohna, vom 11. Mai 1810, in welcher der König seinen Beifall über die Erfindung der Zinkfabrikation zu erkennen giebt, die von K. für die oben genannten

---

das folgende Quartal von Juli bis September ergab einen reinen Ueberschuss von 5784 Thlr. statt der gehofften 1500 Thlr.

Beamten erbetenen Remunerationen und auch an K. selbst eine Remuneration von 300 Thlr. bewilligt.

Um sich klar zu machen welche Bedeutung für den Staat die Zinkindustrie gewonnen hat, deren bescheidene Anfänge eben dargestellt worden sind, braucht man nur die Produktionszahlen (Anhang 7) sprechen zu lassen, obgleich diese nur sehr mittelbar den Werth der Industrie bezeichnen. Die nächste Folge war die Gewinnung von Galmei, eines bis dahin fast ganz, wenigstens in Preussen, unbenutzten Materiales, welches nur in geringen Mengen aufser Landes verschickt worden war, um in Schweden bei der Messingfabrikation verwendet zu werden; jetzt aber wurde der Galmei zuerst zur Zinkgewinnung benutzt und in fortschreitender Progression gefördert, weil die Anwendung des Zinkes zu den mannigfaltigsten technischen Zwecken immer wichtiger wurde. Hieran schlofs sich, wie schon K. in seinem Berichte erwähnte, ein vortheilhafter Absatz für die Kohlengruben. Beides gewährte dem Staate zunächst direkte Einnahmen; bald aber warf sich die Privatindustrie auf die Ausbeutung eines so gewinnreichen Betriebes, wodurch nicht minder indirekt dem Staate pekuniäre Vortheile erwuchsen. Der rapide Aufschwung der Zinkindustrie geht aus folgenden Angaben hervor.

Vor Anlage von Lydogniahütte mag die Galmeiförderung etwa 20,000 Centner jährlich betragen haben, doch wurde, wie gesagt, in Schlesien kein Zink daraus gewonnen, vielmehr dasselbe nur als unbedeutender Ausfuhrartikel zu niedrigen Preisen nach Schweden verschickt. Zinkgewinnung fand nur zu Wessola statt, wo einige hundert Centner aus den zinkreichen Ofenbrüchen gewonnen wurden. In dem ersten Betriebsjahre wurde auf Lydogniahütte auch nur dieses Material verarbeitet; wegen des theuern Preises desselben und weil das bessere Verfahren die Nutzung des Galmei gestattete, die zu Wessola nicht hatte ausgeführt werden können, begann aber mit dem Jahre 1810 eine starke Galmeiförderung. 1810 und 1811 wurde Lydogniahütte um 4 neue Zinköfen vergröfsert, 1815 und 1817 fanden neue Vergröfserungen statt, und aufserdem entstanden in einem kleinen Bezirke Oberschlesiens von 1810—1816 nicht weniger als 6 gewerkschaftliche Zinkhütten, denen schon 1818 vier neue Anlagen folgten [1]. Zwar wurde der Ofenbruch noch immer mit verarbeitet, z. B. auf Lydogniahütte von 1809—1811 und 1814 bis 1815, aber der Verbrauch des Zinkes stieg in dem Maafse, dafs der vorhandene Ofenbruch nur zum kleinsten Theile ausreichen konnte und die Galmeiförderung bedeutend zunehmen mufste. So wurden an Galmei gewonnen

| | |
|---|---|
| 1814 | 48,000 Ctr. |
| 1816 | 64,610 - |
| 1818 | 100,000 - |

1824 war die Produktion auf 660,000 Ctr. gestiegen.

In gleicher Progression stieg die Zinkgewinnung, welcher die schnellen Fortschritte der Technik zu Hülfe kamen. Denn hatte man 1809 noch 46 Scheffel Steinkohlen auf Lydogniahütte zur Darstellung von 1 Ctr. Zink aus Galmei gebraucht, so brauchte man daselbst 1810 hierzu kaum 26 Scheffel, 1811 noch 19 Scheffel, 1816 nur noch $11\frac{6}{10}$ Scheffel, 1809 waren auf Lydogniahütte $2141\frac{3}{4}$ Ctr. Zink fabricirt worden, 1816 schon 7316 Ctr. In diesem letzteren Jahre producirten alle neu entstandenen Hütten Oberschlesiens 20,436 Ctr. Zink und $11\frac{1}{2}$ Ctr. Zinkoxyd. Der Galmei-Bergbau beschäftigte in diesem Jahre 120 Bergleute, die Zinkgewinnung 226 Hüttenarbeiter.

---

[1]) Nämlich 1) Siegismund- und Concordia-Hütte bei Scharley, 2) Friedenshütte bei Chorsow, 3) Georgshütte bei Michalkowitz, 4) Carlshütte zu Ruda, 5) Hugohütte bei Neudorf, 6) Leopoldinenhütte bei Brzenskowitz. Diesen folgten: Hoffnungshütte zu Trokkenberg, Louise zu Slupna, Deutsche Hütte zu Ruda und Helene zu Bittkow.

In den letzten Jahren endlich hat die Produktion eine enorme, aber wie es scheint, noch immer von ihrer gröfsten Höhe entfernte Ausdehnung erreicht. Es wurden nämlich in Oberschlesien an Zink gewonnen

| | | |
|---|---|---|
| 1848 | 376,881 | Ctr. |
| 1849 | 472,104 | - |
| 1850 | 518,429 | - |
| 1851 | 546,540 | - |
| 1852 | 664,036 | - |

an Galmei

| | | |
|---|---|---|
| 1848 | 2,189,069 | Ctr. |
| 1849 | 2,322,943 | - |
| 1850 | 2,739,277 | - |
| 1851 | 2,819,237 | - |
| 1852 | 3,377,998 | - |

und der Werth dieser Produktion betrug:

| | | | |
|---|---|---|---|
| des Zinkes | 1851 | 2,246,783 | Thlr. |
| | 1852 | 3,129,258 | - |
| des Galmeis | 1851 | 644,243 | - |
| | 1852 | 943,041 | - |

Im Laufe von 40 Jahren ist also eine Industrie erwachsen, die in national-ökonomischer Rücksicht für die Provinz Ober-Schlesien jetzt eine der ersten Stellen einnimmt, beim Bergbau nur dem Eisen und den Steinkohlen nachsteht. Direkt ist der Staat übrigens nur mit einem kleinen Bruchtheil bei jenen grofsen Resultaten betheiligt. Die Galmeiförderung geschieht ganz auf gewerkschaftlichen Werken (1851 bestanden 28 Werke mit 4208 Arbeitern, deren Familien 6376 Köpfe zählten), von der Zinkgewinnung kamen im Jahre 1851 auf den Antheil der königlichen Hütte nur 18,312¼ Ctr. Zink (inklusive 25½ Ctr. Zinkweifs und 1753 Pfd. Cadmium) und 7960 Ctr. Zinkbleche; fast der 20fache Betrag wurde auf gewerkschaftlichen Werken gewonnen (nämlich 1851 auf 38 Privatwerken mit

24 Doppelöfen und 352 einfachen Oefen, die 2734 Arbeiter mit 4425 Köpfe zählenden Familien beschäftigten.

Am Schlusse dieser Bemerkungen über die vorzüglich durch K's. Thätigkeit begründete Zinkindustrie, sei es erlaubt noch einige Worte hinzuzufügen, die dem treuen Beamten K. gelten. Nach den ersten glücklichen Erfolgen des Jahres 1809 wurde K. von Freunden vielfach aufgefordert den Staatsdienst aufzugeben und sich als Privatmann durch Zinketablissements ein Vermögen zu erwerben. Hätte K. auf pekuniäre Vortheile gesehen, so wäre kein besserer Weg gewesen wie dieser. Nach 1811 belief sich des nunmehrigen Ober-Hütten-Verwalters und Ober-Hütten-Rathes Karsten's Gehalt auf 1500 Thlr. nebst 200 Thlr. Pferdegeldern. Aus der obigen Darstellung aber sieht man, dafs durch eine unbedeutende Anlage deren Kosten zu bezahlen und noch das vierfache jenes Gehaltes als Gewinn in einem Jahre zu erzielen war, eine Einnahme zu der K. in seinem ganzen Leben nicht gekommen ist. Er hätte bei etwas ausgedehnteren Anlagen sich in wenigen Jahren ein grofses Vermögen sammeln können, leichter als viele Andere es thaten die seine Erfahrungen erst benutzen mufsten. Heut zu Tage würde man einen solchen Schritt eines Beamten auch durchaus natürlich finden, der Staat bietet eben heut dem Beamten nicht mehr wie damals einen Platz auf dem die Ehre des würdig geführten Amtes, das Bewufstsein aus seiner Stellung zu machen was in seinen Kräften steht, ihm Ersatz für seine dürftige materielle Lage giebt. Ein Beamter der möglicherweise ohne Urtheil und Recht auf disciplinarischem Wege abgesetzt und verstofsen werden kann, bei dem man sich nicht nach der Tüchtigkeit, sondern wesentlich nach Gesinnung, politischer und religiöser, erkundigt, ein solcher moderner Beamter ist himmelweit von dem alten Beamten jener Zeit verschieden.

Dieselbe Gesinnung welche K. auf seinem Posten festhielt durch das stolze Bewufstsein nach seinen Kräften zur Blüthe des Staats beizutragen, diese Gesinnung der Beamten hat Preufsen grofs gemacht, Preufsens Administration als Muster für alle Staaten hingestellt. Die Disciplinargesetzgebung für die preufsischen Beamten vom 29. März 1844 hat diesen edlen Stolz und somit die beste Kraft der Beamten gebrochen.

Die Idee, welche sonst zum Grunde lag, dafs die Beamten eine Vereinigung der tüchtigsten Kräfte zur gemeinsamen Förderung des einen Zieles, des Staatswohles, darstellten, ist verschwunden; statt dessen schafft man eine Reihe von Dienern, immer einen über dem andern; und wer will es einem Diener verargen wenn er sich durch Verlassen des Dienstes nicht nur Freiheit, sondern auch Ansehen, Ehre und Macht verschaffen kann.

K. hat früher nie bedauert jenen Schritt des Dienstaustrittes nicht gethan zu haben, und ist mit den Ehren und der Besoldung zufrieden gewesen, welche der Staat ihm darbot. Nur von jener Zeit der Disciplinargesetzgebung an und als mancherlei Ursachen ihm den Staatsdienst verleideten, hat er sich wohl die Frage aufgeworfen, ob es nicht besser gewesen wäre wenn er als Privatmann nur für die Wissenschaft und das Wohl seiner Familie gelebt hätte.

---

Um die Zeit als die Versuche zur Zinkfabrikation einen glücklichen Erfolg gehabt hatten, begann für K. in einer anderen Richtung eine Thätigkeit, welche in den folgenden Jahren für den Staat von der allergröfsten Bedeutung wurde. Es handelte sich um nichts Geringeres als die Lieferung von Gewehr-Armaturstücken einerseits, von Geschützen und Ammunition andererseits für einen grofsen Theil der preufsischen Armee, und zwar sollten die immer steigenden Forderungen des Kriegs-Departements von dem Schlesischen Hüttenwesen unter den allerungünstigsten Umständen befriedigt werden. Abgesehen davon, dafs die Fabrikation der Gewehr-Armaturen, die Geschützgiefserei ganz neue Industriezweige waren, in deren Neuheit eben schon die bedeutendsten Schwierigkeiten zu überwinden waren, so kamen noch zwei hemmende Umstände hinzu, aus deren Würdigung sich allein ein richtiger Maafsstab für K's. Leistungen gewinnen läfst: der damalige Zustand des Eisen-Hüttenwesens in Schlesien und der Druck der Kriegsjahre. Der Hochofenbetrieb mit Koaks war zwar bereits durch den Grafen Reden auf Königshütte eingeführt, auch auf Gleiwitzer-Hütte eine gute Giefserei und einige mechanische Werkstätten eingerichtet; doch befand sich das Hüttenwesen, namentlich das der Schlesischen Privat-Hütten noch ganz in der Kindheit, und überall war vollständiger Mangel an wissenschaftlich-gebildeten und zugleich praktisch-brauchbaren Hüttenbeamten.

Aufserdem lastete der Druck der unglücklichen Kriegsjahre 1805—1807, wie auf der Provinz so besonders auch auf den Berg- und Hüttenmännischen Unternehmungen derselben, und später in den Jahren des Befreiungskrieges 1813—1815 mufsten alle disponiblen Fonds der Hüttenwerke für Bedürfnisse der Armee verwendet werden.

Sehen wir nun, welche Erfolge trotz aller dieser Hemmnisse erzielt wurden. Zu einer umfassenden Darstellung fehlen uns leider hier vielfach die aktenmäfsigen Angaben, da bei den dringenden Verhältnissen des Krieges ein geregelter Schriftverkehr zwischen den Behörden des Kriegs- und des Hütten-Departements nicht bestehen konnte, sondern häufig mündliche Verabredungen den Ausführungen der gemachten Bestellungen vorausgegangen sein mögen, die Akten aus den Archiven der einzelnen Hüttenwerke aber von jener Zeit nicht mehr vorhanden sind.

Was die Anlage und Einrichtung einer Gewehr-Armaturfabrik betrifft, welche später der Militair-Armatur-Verwaltung in Neifse ganz übergeben wurde, so fallen die ersten Anfänge in das Jahr 1809; zuerst wurde die Fabrikation auf dem Königlichen Hüttenwerke Malapane und zwar theils in Malapane selbst, theils in dem nahe gelegenen Krascheow später ausschliefslich an dem letzteren Orte betrieben. Es ist eine von K. und Benninghaus unterzeichnete historische Uebersicht von der Armatur-Fabrique zu Malapane d. d. 8. September 1814 (kurz vor der Uebergabe der Fabrik an die Militair-Armatur-Verwaltung) vorhanden, aus welcher man das allmählige Wachsen und die Vervollkommnung der Industrie, so wie die zu überwindenden Schwierigkeiten entnehmen kann.

Bedürfnifs und Lage des Staates hatten die Nothwendigkeit herbeigeführt, zur Complettirung der Gewehre für die Schlesische Armee, in der Provinz selbst eine Anstalt dieser Art zu errichten. Deshalb wurde auf Veranlassung des damaligen General-Major und Gouverneur's von Schlesien, Grafen von Götzen, welcher eine Gewehrfabrik in Schlesien anzulegen wünschte, untersucht, ob und welche zu einem Gewehre nöthigen Theile in Malapane verfertigt werden könnten. Nach den ersten Verhandlungen mit den Militair-Behörden war die ganze Anstalt nur als interimistisch und im strengsten Sinne nur als Reparatur-Anstalt anzusehen, da sich die militairischen Bedürfnisse blofs auf Complettirung schon vorhandener Gewehre beschränkten, umsomehr, da im Januar 1809 ein nach Malapane gesendeter Officier, die Anfertigung fehlender Bajonette und Ladestöcke zu schon vorhandenen Gewehren, als erste Hauptsache angab.

Zur Verfertigung dieser ersten Gewehrtheile nahm man die gewöhnlichen Feuer-Arbeiter und glaubte versuchsweise zum Zweck zu gelangen, da man auch ohnedies nicht autorisirt war, in dieser Fabrikation routinirte Arbeiter zu engagiren.

Die Anfertigung der Ladestöcke von gewöhnlicher cylindrischer Form ging gut, nicht so die schon schwierigere der Bajonette. Während man sich hiermit beschäftigte, wurden vom Gouvernement auch Läufe verlangt und es wurde nun erforderlich routinirte Arbeiter hinzuzuziehen, besonders da schon von einigen tausend Stück, aber immer nur zur Complettirung, die Rede war. Auf das Ansuchen K's. schickte der Staatsrath D. L. G. Karsten einen Rohr- und einen Bajonett-Schmidt vom Spandauer Gewehrplan nach Malapane und so wurde am 10. März 1809 die erste Rohrschmiede, am 28. März die erste Bajonettschmiede in Gang gebracht. Mit den täglich steigenden Forderungen des Gouvernements mufsten die nicht mehr zureichenden Fabrikanlagen erweitert werden, es wurde deshalb ein schuppenartiges Gebäude mit 2 Rohrschmiedefeuern erbaut und mit Arbeitern belegt. Zu Ende des Monats Mai waren 24 Mann bei der Waffenfabrikation beschäftigt. Im Juni waren aber die Forderungen schon so angewachsen, dafs selbst bei einer Verdreifachung der vorhandenen Vorrichtungen denselben nicht mehr genügt werden konnte. Im Juli war man soweit, dafs man 30 Stück der geforderten Armaturtheile jeder Art wöchentlich liefern konnte, einem raschen Aufschwunge der Fabrikation blieb aber sehr hinderlich, dafs alle Vorrichtungen in den schon existirenden Gebäuden oder flüchtig erbauten Schuppen untergebracht, namentlich die Bohr- und Schleif-Anstalten in den zu ganz andern Betriebs-Parthien bestimmten Räumen angebaut werden mufsten. Zur Einrichtung zweckmäfsiger gröfserer Anlagen konnte man aber, wegen der unbestimmten Dauer der Fabrikation nicht schreiten. Dazu kam, dafs schon im Juli der Rohrschmidt auf Verlangen der Gebrüder Schickler nach Spandau zurückkehren mufste und die noch ungeübten Arbeiter sich selbst weiter zu helfen gezwungen waren.

Im Jahre 1810 hob sich die Fabrikation allmählich durch die zunehmende Geschicklichkeit der Arbeiter, durch zweckmäfsige Verbesserung der Anlagen, durch ausgesuchte Wahl der Materialien. Zu Ende des Jahres hatte man 35 Arbeiter, statt durch Handhämmer wurden die Läufe durch einen Wasser-Hammer geschmiedet, und man glaubte bald die nöthige Stückzahl liefern zu können. Da erlitt die Fabrikation einen bedeutenden Rückschritt durch eine Veränderung der Ansicht bei Abnahme der Armaturtheile von Seiten der Militair-Behörde. Während diese anfänglich zufrieden war, wenn nur die Läufe die Schufsproben aushielten, trat sie jetzt mit strengen Anforderungen auf. Es wurden die Armaturtheile von ganz anderer Façon und anderen Dimensionen verlangt, namentlich sollten die Läufe weit schwächer und leichter sein, und man trat jetzt mit einemmale mit der Darlegung von Fehlern an den Läufen auf, welche man anfänglich ganz übersehen und nicht einmal dem Namen nach gekannt hatte. Ob nun gleich diese Strenge bei der Abnahme der Fabrikation darin grofsen Schaden that, dafs eine Menge roher und halb fertiger Stücke werthlos wurden, so hatte sie doch das Gute, dafs von nun an mit weit gröfserer Sorgfalt gearbeitet wurde und man in den nächsten Jahren 1811 und 1812 endlich dahin gelangte vorzügliche Armaturstücke zu liefern.

Das Jahr 1813 brachte neue Schwierigkeiten, indem die eingetretenen Zeitumstände mannigfaltigere militairische Bedürfnisse herbeiführten, als: Büchsen verschiedener Art, Karabiner-, Pistolen-Läufe, Pionir-, Husaren- und Cürassier-Degen-Klingen. Die Geschicklichkeit der Arbeiter hatte aber so zugenommen und zugleich waren soviel Erfahrungen über die beste Wahl der Materialien gesammelt worden, dafs trotz der neuen Ansprüche die Fabrikation sicher ihren Gang fortging. Vor der Uebergabe der Fabrik an die Militair-Armatur-Verwaltung war die Technik so weit gediehen, dafs Fabrikate von tadelfreier innerer und äusserer Qualität und von der schönsten Form geliefert wurden. Die Armatur-Fabrikation beschäftigte 78 Mann als regelmäfsige Arbeiter, nämlich: 3 Plettinenschmiede, 10 Rohrschmiede, 27 Bohr- und Dreharbeiter, 8 Schleifer, 6 Bajonettschmiede, 2 Ladestockschmiede, 13 Garniseur-Arbeiter, 1 Kolber, 3 Bajonett-Ausfeiler, 2 Härter, 1 Feilenhauer, 1 Beschauer, 1 Rohrenschrauber. Mit diesen Arbeitskräften und den gemachten Schmiede-, Hammer-, Bohr- und Schleif-Anlagen konnten circa 5000 vollständige Musketen-Garnituren jährlich geliefert werden. Seit ihrer Gründung bis zum August 1814 hatte die Fabrik für die Armee geliefert

| | |
|---|---|
| Läufe zu Musketen . . . . . . . . | 14,045 |
| - - Jägerbüchsen . . . . . . . | 584 |
| - - langen Karabinerbüchsen . . | 24 |
| - - kurzen - . . | 530 |
| - - glatten Karabinern . . . . | 645 |
| - - Pistolen . . . . . . . . . | 3052 |
| Musqueton . . . . . . . . . . . | 1 |
| Bajonette, dreiseitige . . . . . . . | 17,419 |
| Schwerdt-Bajonette . . . . . . . . | 6 |
| Ladestöcke zu Musketen . . . . . | 16,501 |
| - - Jägerbüchsen . . . . | 584 |
| - - langen Karabinerbüchsen | 24 |
| - - kurzen - | 530 |
| - - glatten Karabinern . . | 645 |
| - - Pistolen . . . . . . . | 3221 |
| Klingen, Husarensäbel . . . . . . . | 93 |
| Cuirassierdegen . . . . . . . . . . | 287 |
| Pionirseitengewehre . . . . . . . . | 381 |

Zu dieser anerkennungswerthen Leistung hatte es in wenigen Jahren ein unter den ungünstigten Umständen entstehender Industriezweig gebracht. Das war nur möglich durch die Energie und den Scharfsinn der Oberleitung, durch den vortrefflichen Geist der Arbeiter die sich vom besten Willen der guten Sache zu dienen willig in die ungewohnte Arbeit fügten.

Für das Land, und näher für die Armee, war diese Hülfe der Gewehrfabrik von gröfstem Werthe, aber sie konnte nicht ohne die bedenklichsten Opfer von Seiten der Hüttenwerke geleistet werden. Theils nämlich erwuchsen der Hüttenverwaltung gradezu baare Verluste indem die Preise für die Armatur-Gegenstände nach den Ablieferungen der Jahre 1809 und 1810 normirt worden waren, als die Militair-Behörden es bei der Abnahme noch wenig genau nahmen und daher Ausschufs kaum vorkam; dieser Verlust welcher im Ganzen von 1809 — 1814 die Summe von 24,661 Thlr. 17½ Gr. betrug, traf allein die Malapaner Hütten - Casse. Theils aber litten alle übrigen sonst nicht zu entbehrenden Hütten - Anlagen unter der Gewehrfabrikation und besonders hatte das Malapaner Hüttenwerk in Krascheow allein 3 gute Frischfeuer und einen Reckhammer verloren.

K. schlug daher am Schlufs seines Berichtes vor, die Gewehrfabrik selbstständig zu etabliren, anstatt sie in ihrem interimistischen Zustande zu lassen. Dies geschah dann auch, vermuthlich schon am Schlusse des Jahres 1814.

Die Kriegsjahre 1813 — 1814 brachten aber noch ganz andere Anforderungen der Militairbehörden an die Schlesische Hütten-Verwaltung mit sich, denen K. mit beschränkten Mitteln auf das Vollständigste zu genügen verstand. Aus den Akten geht hervor, dafs K. in dieser Zeit nur selten am Sitze des Ober - Berg - Amtes zu Breslau anwesend war, sondern fast beständig auf Reisen sich abwechselnd auf den Königlichen Hüttenwerken Gleiwitz, Königshütte, Malapane, der Produkten - Spedition in Oppeln, in Neifse, überhaupt an denjenigen Punkten aufhielt, wo unter seiner Oberleitung Geschütze gegossen, Ammunition angefertigt oder wohin solche abgeliefert wurde. Auch wurde die desfalsige umfangreiche Correspondenz nur sehr sparsam durch das Königl. Ober-Bergamt geführt und fand der Schriftwechsel bei der Eile, mit welcher die Sache betrieben wurde, gröfstentheils direkt zwischen K. und den betreffenden Behörden statt. In möglichster Eile wurden auf den genannten Hüttenwerken die nöthigen Vorrichtungen getroffen um Kanonen und Mörser, meist von Eisen, zum Theil aber auch von Metall zu giefsen und abzudrehen. Ebenso wurden alle Kräfte angestrengt, um bedeutende Massen von Kanonenkugeln und Hohlgeschossen zu giefsen; auf mehreren Frischfeuern in Malapane und Creutzburger Hütte wurden Hammer zur Anfertigung geschmiedeter Kartätschkugeln eingerichtet. Kurz es waren in dieser Zeit sämmtliche Königl. Eisenhüttenwerke Oberschlesiens unausgesetzt für diese Kriegeszwecke beschäftigt. Ueberall war K. selbst anwesend, leitete die Arbeiten, trieb zur Thätigkeit, ermunterte die Hüttenbeamten und Arbeiter wenn sie trotz aller Anstrengung die ungeheuren Forderungen nicht befriedigen konnten, gegen welche Zumuthungen zu remonstriren K. auf der andern Seite auch nicht ermangelte. Ueber die Einrichtung und die Resultate der Geschützgiefserei in Oberschlesien ergiebt sich folgendes.

Wohl bald nach dem unglücklichen Jahre 1806 fafste man den Gedanken die grofsen Verluste an metallenem Feld-Geschütz; welche Preufsen erlitten hatte, versuchsweise durch eisernes Geschütz zu ersetzen. Es wurde aber die Anfertigung dieser Geschütze keinesweges sehr beeilt, sondern man machte eine Reihe von Giefs-Versuchen, wie sie sich grade neben den andern laufenden Arbeiten ausführen liefsen. So schreibt Anfang des Jahr's 1810 der Staatsrath Karsten an K. dafs der Gufs No. 11 herrlich ausgefallen sei, und nach mancherlei Proben (Modelle guter eiserner Geschütze lagen nicht vor) war im October 1809 zu Gleiwitz ein Sechspfünder gegossen worden, der den Anforderungen genügte.

Ob man nachher bis 1813 die Versuche fortsetzte oder ob die Militairbehörden von der Absicht eiserne Feld-Geschütze zu benutzen abgegangen waren, bleibt zweifelhaft.

Mit dem Anfange des Jahres 1813 wurde aber plötzlich die Ausführung des Geschützgufses in grofsem Maafsstabe verlangt. Wie eilig der Verlauf der Sache war erhellt aus den ersten Aktenstücken in dieser Angelegenheit. Am 29. März erkundigte sich K. bei der dritten Division des Kriegsdepartements in Breslau nach näheren Bestimmungen, da nach einer mündlichen Aeufserung des General-Lieutenant von Scharnhorst baldigst eisernes Geschütz angefertigt werden solle; K. wünscht wenigstens die Gröfse der Bestellung zu wissen. Am folgenden Tage ist die Bestellung da: 10 Stück 10pfündige eiserne Mortieren und 6 Stück eiserne Stein-Mortieren; sie wird von K. an demselben Tage nach Gleiwitz befördert. Am 10. April folgt eine neue Bestellung durch den Staatsrath Gerhard aus Berlin: es soll eine Batterie 6pfündiger eiserner Feld-Geschütze von 8 Stück gegossen werden. Indem K. die Ausführung in Gleiwitz anordnet, bemerkt er zugleich man solle sich auf eine sehr bedeutende Bestellung von 12pfündigen Kanonen, 10pfündigen Haubitzen und 10pfündigen Mortieren vorbereiten.

Am 21. April läuft auch diese Bestellung auf 26 Geschütze verschiedenen Calibers ein, der im Mai neue folgen. So gewaltig wird die Ausführung beschleunigt, dafs schon 4 Monate nach Beginn der Arbeiten, am Schlufs des Juli mindestens 59 Stück eiserne Geschütze gegossen, gebohrt und abgeliefert sind; (die genaue Zahl ist wegen der Unvollständigkeit der Akten an dieser Stelle nicht anzugeben) nämlich

| | | | |
|---|---|---|---|
| 3 | Stück | 50pfündige | Mortieren |
| 21 | - | 10 - | - |
| 14 | - | Stein-Mortieren | |
| 8 | - | 7pfündige Haubitzen | |
| 13 | - | Sechspfünder Feldgeschütz. | |

Die ganze Zahl der 1813—1814 von den Oberschlesischen Hüttenwerken gelieferten eisernen und metallenen

Geschütze, ist wegen mangelnder Akten-Nachweise nicht anzugeben, doch wird die obige Zahl einen ungefähren Maafsstab für die ungeheure Thätigkeit auf den Hüttenwerken abgeben können, besonders wenn man bedenkt, dafs diese Leistungen ohne Vorbereitungen, ohne vorhergehende Erfahrungen, ohne Unterstützung von privaten Werken und neben der nicht minder grofsartigen Munitions-Lieferung, erfolgten.

Die Beschaffung der Munition machte keine andere Schwierigkeiten als aus der grofsen Masse des Bedarfes folgten, denn es war diese Arbeit auf den Hüttenwerken eine wohl bekannte, die auch K. schon 1806 geleitet hatte als es darauf ankam, Neifse und Cosel in möglichst kurzer Zeit mit Munition zu versehen, um diese vor dem Schicksale anderer schlesischer Festungen zu bewahren. Damals löste der Berg-Amts-Assessor K. seine Aufgabe mit derselben Sicherheit wie nun 1813—1814 die, ihres Umfanges wegen, viel schwierigere.

Die Bestellungen auf Munition liefen ungefähr gleichzeitig mit den Aufträgen für den Geschützgufs ein und erforderten schon allein der Metallmasse nach gerechnet, eben so viel und mehr Eisen als die Hohöfen der Königl. Hüttenwerke liefern konnten. Um einzelne Bestellungsposte hervorzuheben, so wurde z. B. von Malapane verlangt:

| | | | | | |
|---|---|---|---|---|---|
| am 26. April 1813 | 2000 | Stück | 50pfündige | | Bomben |
| - 14. Mai | 2000 | - | 7 | - | Granaten |
| | 4000 | - | 6 | - | Kanonenkugeln |
| am 25. Mai | 6000 | - | 7 | - | Granaten |
| | 12,000 | - | 6 | - | Kanonenkugeln. |

Mit der angestrengtesten Arbeit war es unmöglich den Anforderungen in den gestellten kurzen Fristen zu genügen, und öfters mögen die pflichtgetreuen eifrigen Hüttenbeamten sich Saumseligkeit haben vorwerfen lassen müssen, während kriegerische Ungeduld im Drange der aufgeregten Zeit das Unmögliche verlangte.

So antwortet z. B. K. am 19. Mai 1813 in einem Berichte über die Munitionslieferung: — — — — „ich mufs zur Rechtfertigung der äufserst thätigen Malapaner Beamten nur noch bemerken, dafs sie unmöglich mehr Munition beschaffen können, als der dortige Hohofen Eisen liefert. Die vom Malapaner Hütten-Amt angegebenen in 6 Wochen zu liefernden Munitionsquanta wiegen gegen 1200 Ctr., der dortige Hohofen liefert wöchentlich 220 Ctr., also in 6 Wochen 1320 Ctr., also 120 Ctr. oder wöchentlich 20 Ctr. Roheisen mehr, als Munition abgeliefert werden soll. Das ist in der That ein Beweis des musterhaftesten Giessereibetriebs indem für Eingüsse und Ausschufs so wenig übrig bleibt, dafs das Malapaner Hütten-Amt eigentlich das gröfste Lob wegen des wohl eingerichteten Betriebes verdient. Bei dem Bewufstsein der strengsten und mit dem besten Erfolge gekrönten Pflichterfüllung, mufs den Malapaner Beamten daher der Vorwurf der geringen Anstrengung und der Saumseligkeit, den Ew. Hochwohlgeboren ihnen unterm 12. c. gemacht haben, sehr niederbeugend gewesen sein, und ich bin es denselben schuldig ihre mir bekannte Thätigkeit und den rühmlichen Eifer, wovon ich noch bei meiner letzten Anwesenheit in Malapane den Beweis erhielt, in das rechte Licht zu setzen." — —

Ueber den Umfang der gesammten Munitionslieferung in den Jahren 1813—1814 liegen keine amtlichen Nachweise vor, aber auch hier geben einzelne in den Akten des Ober-Berg-Amts zu Breslau erhaltene Daten einen Beweis für die Grofsartigkeit des Betriebes. So lieferte Malapane in den 6 Wochen vom 10. Juni bis 20 Juli 1813

6600 Stück 7pfündige gr. Granaten

6000 - 6 - - Kanonenkugeln

aufserdem wöchentlich 45 Ctr. 6löthige und 25 Ctr. 3löthige Kartätschkugeln. In derselben Zeit lieferte Gleiwitz

| | | | | | |
|---|---|---|---|---|---|
| 3100 | Stück | 7pfündige | gr. | Granaten | |
| 6200 | - | 10 | - | - | - |
| 1500 | - | 50 | - | - | Bomben |
| 17,800 | - | 6 | - | - | Kanonenkugeln. |

Dies macht für beide Hüttenwerke einen wöchentlichen Durchschnitt von circa 600 Ctr. Munition.

Die ausgezeichneten Dienste, welche die Bergwerks-Partie Schlesiens im Allgemeinen, K. und die ihm untergebenen Beamten im Besondern durch solche Arbeiten dem Staate geleistet hatten, wurden übrigens wohl anerkannt; zunächst, indem der Berghauptmann Gerhard die Zufriedenheit des Königs den Betheiligten in einem Schreiben an das Schlesische Ober-Berg-Amt mittheilte (Anhang 8.), sodann indem an K. unterm 17. Januar 1816 das eiserne Kreuz zweiter Classe am weifsen Bande ertheilt wurde: „Zum Anerkenntnifs Ihrer Verdienstlichkeit." In späteren Jahren sehr unempfänglich für äufserliche Auszeichnungen, deren Werth durch das Uebermafs ihrer Anwendung in den Augen wahrhaft verdienter Männer herabgedrückt werden mufste, wenn sie die gleiche Auszeichnung nach Gunst, nach Rang, höchstens nach dem Dienstalter verschwendet sahen, war K. durch diese Ordensverleihung hoch erfreut. „Die hohe Gnade," sagt er in seinem Dankschreiben, „würde mich mit tiefer Beschämung erfüllen müssen, weil ich, gleich vielen andern getreuen Unterthanen nur bemüht gewesen bin, den Pflichten als Unterthan und Staatsbürger, so viel meine geringen Kräfte vermochten, nachzukommen, wenn sie mir nicht eine heilige Pflicht auferlegt und das Bestreben in mir gestärkt hätte, mich der huldvollen Auszeichnung mehr und mehr würdig zu machen."

Die Möglichkeit überhaupt mit dem erwähnten glücklichen Erfolge für die Bedürfnisse der Armee sorgen zu können, war erst durch den Aufschwung der Königl. Eisenhüttenwerke in Oberschlesien gegeben, und zu diesem Aufschwunge hatte K. gleich mit seinem Eintritt in den Staatsdienst das Wesentlichste beigetragen, wie ja schon vorher seine ersten Arbeiten, welche die Aufmerksamkeit des Ministers Reden auf ihn lenkten, sich auf die Eisenerzeugung bezogen.

Der Natur der Sache nach läfst sich der Einflufs K's. hier im Einzelnen nicht so nachweisen, wie bei der Begründung der ganz neuen Zink-Industrie oder bei einem in sich abgeschlossenen Geschäfte, wie den Lieferungen für die Armee. Erwähnt ist aber schon, dafs nach zwei Richtungen besonders K's. Amtsführung für die Eisenindustrie von durchgreifendem Erfolge wurde, erstens durch die Einführung einer wissenschaftlichen Methode bei den metallurgischen Operationen, zweitens indem durch ihn den Schlesischen Privat-Hütten tüchtig ausgebildete Kräfte zugeführt wurden, während vor seiner Zeit die private Industrie, meist von ungebildeten und selbst in der unvollkommenen Praxis nicht bewanderten Hüttenbeamten geleitet, sich auf der niedrigsten Entwickelungsstufe befand.

Ueber den Umfang und die Vielfältigkeit des Einflusses, welchen die von K. eingeführte wissenschaftliche Behandlung der Eisenindustrie gehabt hat, giebt das grofse Werk K's., dessen „Eisenhüttenkunde" (s. Anhang 4.) den meisten Aufschlufs, indem er daselbst häufig der auf schlesischen Werken gemachten Versuche erwähnt, die entweder von ihm selbst geleitet, oder direkt und indirekt veranlafst worden sind. Der wesentliche Impuls zur fortschreitenden und grofsartigen Entwickelung des Schlesischen Privat-Hütten-Betriebes sichert dem Namen K's. ein ehrenvolles und dankbares Andenken in der Geschichte des Schlesischen Hüttenwesens. In ehrender Anerkennung dieser Wirksamkeit hat eine zur Rybnicker-Hütte gehörige

Hütten-Anlage den Namen Karstenhütte erhalten, und noch kürzlich hat der Minister für Handel etc. Herr von der Heydt dem jetzt (1854) im Bau begriffenen zweiten Hohofen auf Gleiwitzer-Hütte den Namen Karsten-Ofen beigelegt.

---

Die letzten Jahre von K's. Amtsführung in Schlesien nach dem Kriege brachten mancherlei neue Beschäftigungen. Am 15. Juni 1815 wurde K. durch ein Reskript der General-Verwaltung des Berg- und Hüttenwesens aufgefordert sich sofort nach Berlin zu begeben um die nähere Bestimmung über Geschäfte zu erhalten, welche er bei der Regelung des Berg- und Hüttenwesens der in Besitz zu nehmenden Nassauischen Lande besorgen sollte.

Diesem Auftrage Folge leistend reiste K. von Breslau ab, ordnete aber an, dafs ihm von den Schlesischen Hütten-Aemtern alle auf den Haushalt und Betrieb bezüglichen laufenden Verhandlungen nachgesendet werden sollten. Nach kurzen Verhandlungen in Berlin erhielt K. den Auftrag bei Bestimmung der künftigen Landesgränzen zwischen Preufsen und Nassau sein Gutachten abzugeben. Es kam nämlich der Mineralreichthum der ehemals Oranisch-Nassauischen Lande hierbei sehr in Betracht und bei der definitiven Feststellung der Gränzen fiel dann auch wenigstens das reiche Siegen'sche zu Preufsen, während andere Theile sehr gegen den Wunsch der Bevölkerung bei Nassau blieben, z. B. Dillenburg.

„Ich habe nicht geglaubt," schreibt K., „in den Oranischen Landen eine solche Anhänglichkeit an Preufsen zu finden; die Leute, welche nun gewifs an Preufsen kommen, halten sich glücklich, die welche gewifs an Nassau kommen, sind im höchsten Grade niedergeschlagen, und die, bei denen es noch zweifelhaft ist, sind in ängstlicher

Ungewifsheit. Von den letzteren sind Deputationen an den König von Preufsen gegangen um ihn zu bitten sie zu behalten. Sogar bei mir sind schon Deputirte gewesen um mir zu beweisen wie nothwendig es sei, dafs sie mit dem Siegerlande verbunden bleiben. Die Nassauischen Commissarien werden sich wohl, wenn durchaus noch etwas abgegeben werden mufs, gefallen lassen, einen Theil des Sayn'schen zu übernehmen und das Siegensche nicht zu trennen, obgleich sie es sich nach der Instruktion nicht gefallen lassen dürfen."

Nachdem sich K. die Kenntnifs des Landes verschafft und von den Bergbeamten von Siegen und Kirchen u. s. w. alle nöthigen Nachrichten eingezogen hatte, war er mit sich über das abzugebende Gutachten einig. Er wollte den gröfsten Theil des Sayn'schen und das ganze Siegensche für Preufsen festhalten. Da aber die Belassung Dillenburg's bei Nassau schon entschieden war, so arbeitete er wenigstens ein solches Projekt für die zu ziehende Gränze aus, „welchen uns und dem Lande am wenigsten nachtheilig sein werde." Bei der Besichtigung von Eibelshausen und Ebersbach, zwei Hüttenwerken die zum Dillenburgischen gehören, und bei der Befahrung der mächtigen Eisensteingruben bei Dillenburg, erkannte K. die Wichtigkeit dieser beiden für Preufsen verlorenen Landestheile. „Von diesen Schätzen," sagt er, „hat der an Armuth gewöhnte Schlesier gar keinen Begriff. Was man hier als Zuschlag anwendet und nicht achtet, würden wir in Schlesien als die reichsten Erzschätze verehren. Ein Hüttenmann kann daher hier wenig lernen, sondern nur über die verschwenderische Natur staunen und sich mit der Ueberzeugung schmeicheln, dafs er diese Schätze, wenn er sie zu verwalten hätte, besser benutzen würde." Der Abschlufs war dennoch für Preufsen ein günstiger und K. konnte nach Beendigung seiner Verhandlung sehr erfreut schreiben: „Gestern habe ich meinen Plan der Nassauischen

Commission übergeben, welche mit Vorbehalt höherer Genehmigung einwilligte. Dem Nassauischen Hofe ist der Plan nun schon vorgelegt und von demselben genehmigt, von Seiten unsers Königs wird es keine Schwierigkeit haben. Wir behalten darnach ganz Siegen und treten den schlechtesten Theil von der Grafschaft Sayn-Altenkirchen ab; es freut mich sehr, dafs die Nassauischen Herrn Commissarien von dem Zustand des Landes schlechter als ich unterrichtet waren."

So schnell die eigentliche Gränzbestimmung gemacht war (K. war kaum 14 Tage aus Berlin fort), so viel längere Zeit erforderte die genaue Besichtigung der von Preussen erworbenen Distrikte und die Ausarbeitung einer vollständigen Organisation.

Mit gewohnter Thätigkeit machte K. diese Reise; alle bedeutenden berg- und hüttenmännischen Anlagen der erworbenen Nassauischen Lande auf seinem Wege besuchend, brachte er zugleich auf der Reise den Entwurf zur neuen Organisation fertig, schrieb einen ausführlichen Reisebericht und bearbeitete daneben noch die ihm nachgeschickten schlesischen Akten. Dann aber benutzte er auf der Rückreise noch die Zeit um sich mit den für den Bergbau wichtigsten Gegenden und den vorzüglichsten Fabrikanlagen bekannt zu machen. Sehr ausführliche Briefe K's. geben ein lebendiges Bild dieser Reise, welche etwa folgenden Verlauf hatte.

Nach abgeschlossener Grenzregulirung ging es zuerst in das Siegthal und hier erstaunte K. immer von Neuem über die ungeheuern Mineralschätze. „Von solchem Reichthum habe ich keinen Begriff gehabt," schreibt er, nachdem er das Siegthal und namentlich den Stahlberg bei Müsen gesehen, und ist aufs Höchste erfreut, dafs Preussen weit über seine Erwartung durch diese Distrikte gewonnen habe. Von Siegen ging es nach Kirchen und der Grafschaft Sayn, wo überall die Gruben befahren und Hütten besehen, der innere Reichthum bewundert, die äufsere Schönheit der Natur mit Entzücken genossen wurde. Von Kirchen über Wissen nach Hamm an der Sieg „der finanziell wichtigsten Acquisition für das Bergwerksdepartement im Nassauischen," und dann nach Linz, Neuwied und Saynerhütte. Es war der 2. August und es wurden in Coblenz grofse Vorbereitungen zur Feier des folgenden Tages gemacht. „Da ich keinen hochzeitlichen Rock anhatte, so beschlofs ich den 3. incognito auf der Sayner-Hütte zuzubringen, die ich als ein wichtiges Königl. Werk genau kennen lernen mufs." Er studirt den ganzen Tag die Rechnungssachen, unterrichtet sich genau von dem Zustande des Werkes und setzt dann nach dem Feste, froh über die glücklich beendete Inspektionsreise seinen Weg nach Coblenz fort. Hier traf ihn eine erschütternde Zeitung. „Die Nachricht vom Tode des Grafen Reden," schreibt er, „hat meine Freude sehr getrübt. Du wirst es nicht unmännlich finden, wenn ich Dir sage, dafs ich mich nicht der Thränen erwehren konnte, und dafs ich noch jetzt, indem ich schreibe, mit Gewalt Empfindungen unterdrücken mufs, welche mir die Augen füllen wollen. Ich schreibe Dir kein Wort weiter, Du weifst, dafs ich alle Ursache hatte, diesen wahrhaft verehrungswürdigen Mann aufs höchste zu verehren. Noch heute reise ich zum Minister vom Stein und werde dort Anlafs genug haben, eine Seite zu berühren die mich mit inniger Wehmuth erfüllt."

In Coblenz und Ehrenbreitstein wird längere Station gemacht um die Organisationspläne und Reiseberichte auszuarbeiten. „Die verlangten Organisationspläne haben mich 10 Tage so beschäftigt, dafs ich von früh 6 Uhr bis Abends 11 Uhr nicht anders als wenn es zu Tische geht, oder wenn das Schiffsgetöse und die schöne Natur mich ans Fenster lockt, vom Arbeitstisch aufgestanden bin. Heute geht nun eine ganze endlich fertig gewordene Aktenfuhre ab, und ich bin recht froh, dafs ich nun meine Reise fortsetzen kann."

Die Gegenden an der Lahn, die Eiffel, Bonn, der Bleiberg bei Commern (wo er den neuen tiefen Erbstollen: Friedrich Wilhelm tauft), das Schleidener Thal, Düren, Aachen, sind die nächsten Punkte der Reise. Von Aachen wird ein Abstecher nach Lüttich gemacht. „Unterwegs besuchten wir das grofse Galmeibergwerk am Alten Berge, welches unermefsliche Reichthümer in sich enthält, und für die Aachener Gegend von der höchsten Wichtigkeit ist. Leider ist gerade dieser Punkt noch streitig und daher wird er wohl an Belgien fallen, weil wir uns alles gefallen lassen. Der wichtige Ort Hallberg bei Aachen, wo nichts als Messing gemacht wird, indem nicht weniger als 120 Messingöfen dort sind, bezieht allen Galmei vom Alten Berge, und würde durch den Verlust dieses Bergwerks ganz ungemein leiden." Die Befürchtung hat sich leider, wie so manche andere patriotischer preufsischer Beamten jener Zeit, erfüllt.

In Lüttich sah K. aufser der Gewehrfabrik und Kanonengiefserei viele Privatwerke, z. B. die Zinkfabrik des Herrn Dony, Hüttenanlagen zu Grivignée, Rancy, Chevremont, Chaufontaine u. a., welche ihn aber nicht befriedigten; seinen Hauptwunsch, die Weifsblechfabrik in Huy zu sehen, erreichte er aber nicht, „weil der Eigenthümer die Sache an sich geheim hält und sie am wenigsten einem Deutschen zeigt, indem er ein ächter Franzose ist, und die Deutschen wie die Sünde hafst."

Der Rückweg ging zuerst über Aachen, Jülich nach Düsseldorf, von wo aus K. eine Excursion nach Duisburg, Ruhrort und Saaren machte, dann in Düsseldorf einige Tage verblieb, um die inzwischen sehr angewachsenen Schlesischen Akten zu bearbeiten. Ueber Köln reiste er darauf nach Solingen und über Elberfeld, durch das Wupperthal in die Grafschaft Mark, wo er die blühende Industrie, die

Schönheit der Natur im Enneper Thal und den Nebenthälern, die Herzlichkeit, Freundlichkeit und die Gastfreiheit der Bewohner nicht genug zu rühmen weifs. Hagen, die Drahtfabrik zu Limburg, der neue Coakshohofen zu Witten, die Hüttenanlagen bei Altena, Iserlohn, die Hohöfen und Messingfabriken zu Sundwig waren die Hauptpunkte die K. auf dem Wege nach Dortmund besuchte. Von hier reiste er über Unna und Königsborn nach Hamm und nun mit kürzeren Aufenthalten in Göttingen und am Harz nach Berlin zurück. Im Ganzen hatte die Reise etwas über 3 Monate gedauert und aufser der Erreichung des Hauptzwecks derselben noch den Grund zu K's. genauer Orts- und Personen-Kenntnifs in den westlichen Provinzen Preufsens gelegt, welchen er in seiner spätern Stellung in Berlin seine vorzügliche Aufmerksamkeit zuwenden sollte.

Im October war K. wieder in Breslau, aber nicht um lange dort zu verweilen, da sich nun die Abberufungen wiederholten. Im März 1816 wurde K. nach Berlin beordert um Conferenzen über Etats- und andere wichtige Bau- und Meliorations-Gegenstände der Königl. Eisenhütten-Werke beizuwohnen. Ein ähnlicher Befehl lief am 7. December desselben Jahres ein.

Bei den Etatsregulirungen wurde K. vom Jahre 1817 an auch noch die Leitung der Geschäfte der Breslauer Münze anvertraut, und nun blieb er bis zum Ende 1818 an seinem Posten. Aber schon zu Anfang des Jahres 1819 wurde er nach Berlin berufen, um zunächst kommissorisch die Arbeiten des fortdauernd kränklichen Geh. Berg-Raths Kölpin und dessen gleichfalls kränkelnden Hülfsarbeiters Susewind zu übernehmen, Arbeiten, welche sich vorzüglich auf die Rheinischen Berg- und Hütten-Sachen bezogen. Die kommissorische Abberufung verwandelte sich aber nach zwei Monaten in eine wirkliche, indem K. am 9. März zum Geheimen Berg-Rath in der Ober-Berghauptmannschaft zu Berlin ernannt wurde und somit aus seiner amtlichen Stellung in Schlesien austrat. Die Anstellung als Geheimer Berg-Rath war erst nur eine interimistische, da der Geh. Berg-Rath Kölpin noch lebte, auch bezog K. sein Gehalt von 1800 Thlr. noch immer aus der Schlesischen Ober-Berg-Amts- und Zehnt-Kasse. Der Geheimrath Kölpin starb aber im Laufe des Sommers 1819 und so rückte K. vom 1. October 1819 an in dessen Stelle mit 2500 Thlr. Gehalt ein.

Blicken wir auf die bisher angegebene Zeit der Amtsführung K's. zurück, so sind neben den schon geschilderten grofsen Arbeiten desselben noch einige andre Beschäftigungen und Beziehungen zu erwähnen, welche uns das Bild des thätigen Mannes vervollständigen.

Während K. vor seinem Eintritt in den Staatsdienst eine, besonders in Anbetracht seiner Jugend ungewöhnliche schriftstellerische Thätigkeit entwickelt hatte, wurde die Neigung zu solchen Arbeiten durch die angestrengten Dienstgeschäfte sehr zurückgedrängt. Die Art freilich, wie K. das Berg- und Hüttenwesen leitete, erhielt ihn stets im Zusammenhange mit der Wissenschaft, aber es war auch natürlich, dafs die ersten Schriften mit denen er bei etwas gröfserer Mufse hervortrat, sich zunächst ganz auf seine Erfahrungen in seinem Amte und auf die Untersuchungen bezogen, zu denen ihn seine praktische Thätigkeit veranlafst hatte.

Den ersten gedruckten Aufsatz in dieser praktischen Richtung (denn handschriftliche Memoiren hatte K. ja schon, wie erwähnt, mehrfach eingereicht), findet man in den Schriften der Mecklenburgischen naturforschenden Gesellschaft vom Jahre 1806. Es ist dies ein Vortrag, welchen K. in der Versammlung jener Gesellschaft hielt, um zur Errichtung einer Eisenhüttenanlage zu Dömitz in Mecklenburg anzuregen. Dort war bis etwa zum Jahre 1785 der daselbst reichlich vorkommende Raasen-Eisenstein verschmolzen worden; dann aber war das Werk in Verfall gekommen. K. wies, gestützt auf die chemische Untersuchung des Materiales und auf die sonstigen Verhältnisse des Landes, namentlich die Nutzung des Brennmateriales nach, dafs eine Wiederaufnahme des Werks auch in ökonomischer Rücksicht vortheilhaft sein werde, wenn dasselbe eine richtige Leitung fände. Dieser Vorschlag die Eisenhüttenanlage zu Dömitz wieder aufzunehmen, blieb indessen bei dem damals noch mehr wie jetzt geringen Interesse für Industrie in Mecklenburg, ohne Erfolg.

Dieser kleine Aufsatz möchte die einzige Druckschrift für viele Jahre sein; erst nach den anstrengenden Arbeiten des Jahres 1813 fand K. Mufse mit dem reichen Schatz gesammelter Erfahrungen als Schriftsteller hervorzutreten. Zuerst gab er Rinmann's Geschichte des Eisens (s. Anhang 4.) mit Anmerkungen und Zusätzen versehen, in zwei Bänden heraus [1]). Das klassische Werk Rinmann's war in Deutschland durch die mangelhafte Uebersetzung von George (1785) bekannt, hatte aber doch so grofsen Beifall gefunden, dafs es im Buchhandel vergriffen war. Trotz dem, dafs mehr als 30 Jahre seit dem ersten Erscheinen verstrichen waren, die Praxis nicht unbeträchtliche Fortschritte gemacht und die Chemie eine völlige Umgestaltung erfahren hatte, hielt K. das Werk doch nicht für veraltet, vielmehr nach seinen eigenen Erfahrungen für so trefflich, dafs er den Text nicht änderte, sondern nur in Erläuterungen und Zusätzen die neueren Untersuchungen als Ergänzung hinzufügte. Man findet in diesem Werke zuerst von K. seine Ansichten über die Verbindungen des Eisens mit der Kohle ausgesprochen, diesen wichtigen Punkt für die Eisenhüttenkunde, auf den er später vielfach wieder zurückkam und den er zu einem vollständigen Systeme entwickelte.

Die Uebersetzung des Rinmann war ein Vorläufer des

---

[1]) Vorrede vom 1. März 1814.

Handbuches der Eisenhüttenkunde (s. Anhang 4.), welches in der ersten Ausgabe in 2 Bänden 1816 erschien. Die Vorrede [1]) giebt Aufschlufs über die Veranlassung zur Herausgabe des Epoche machenden Werkes. „Die Resultate zwölfjähriger Beobachtungen, Erfahrungen und Versuche auf Eisenhüttenwerken, welche ich vermöge meines Amts zu machen und anzustellen Gelegenheit hatte, würde ich noch nicht zu einem vollständigen System der Eisenhüttenkunde zusammenzutragen gewagt haben, wenn die Verpflichtung: die Eisenhüttenkunde auf der hiesigen Universität vorzutragen, mich nicht, fast wider meinen Willen, dazu veranlafst hätte. Wer mit dem Zustande der Literatur des Eisenhüttenwesens vertraut ist, den kann es nicht befremden, dafs ich bei meinen Vorträgen einen neuen und eigenthümlichen Weg einzuschlagen gezwungen ward; dafs ich mich daher bei der Bekanntmachung meines Systemes und bei der öffentlichen Erscheinung meines Handbuchs der Eisenhüttenkunde nicht in dem Falle vieler Schriftsteller befinde, welche die Gründe hervorsuchen, warum sie die Zahl der schon vorhandenen Hand- und Lehrbücher noch um eins vermehren, sondern dafs ich vielmehr den Wunsch auszusprechen habe, bald einen Nachfolger auf der neu betretenen Bahn zu finden, welcher, mit mehr Erfahrungen ausgerüstet, das Mangelhafte berichtige und das Fehlende ergänze, damit ein vollständiges System der Eisenhüttenkunde aufgestellt werden könne."

„Einer näheren Erörterung über das von mir entworfene System bedarf es nicht, weil der ganze Zusammenhang desselben aus der Inhaltsanzeige von selbst hervorgeht. Es war zuerst mein Plan, nur einen Abrifs des Systems für meine Zuhörer zu entwerfen und diesen mei-

[1]) Vorrede vom 1. März 1816.

nen Vorlesungen als ein Compendium zum Grunde zu legen. Bei der Bearbeitung desselben fand ich indefs, dafs es dem Zwecke: die wissenschaftliche Ausübung des Eisenhüttenwesens zu verbreiten, mehr angemessen sein würde, eine so vollständige Darstellung zu wählen, dafs der Vortrag ohne mündliche Erläuterung verständlich sei."

Es ist hiermit der Weg angegeben, den K. zuerst den Hüttenmännern zeigte und auf dem er sie aus der Empirie zu einer wissenschaftlichen Methode führte. Das Werk verbreitete sich schnell auch nach dem Auslande, namentlich durch die französische Uebersetzung von Culman und hat, wie den Sachkundigen nicht gesagt zu werden braucht, das Eisenhüttenwesen vorzüglich gefördert.

Diese Vorlesungen auf welche K. in der Vorrede hindeutet, hielt derselbe an der Breslauer Universität nur kurze Zeit, da ihn sein Beruf nicht zur dauernden Ruhe in Breslau kommen liefs.

Im demselben Jahre 1816 veröffentlichte K. eine kleine Schrift: „Ueber den Werth des Bergbaues und die Pflicht des Staates ihn aufrecht zu erhalten," welche er später im I. Bande des „Archivs" in ausführlicherer Weise noch einmal abdrucken liefs.

In dieser Schrift streitet er gegen den Vorwurf den man dem Bergbau mache, dafs der Staat auf Kosten der übrigen Einwohner die Bergleute begünstigt. Er weist nach, dafs die Vortheile des Bergbaus für den Staat nicht aus den baaren Ueberschüssen berechnet werden können, sondern der ganze Werth der auf die Produktion verwendeten Arbeit den Gewinn bilde, indem durch dieselbe eine zahlreiche Bevölkerung erhalten und sonst unbenutzte Produkte gewonnen würden.

Offenbar durch die mangelhafte Privat-Industrie beim Schlesischen Bergbau geleitet, redet K. in dieser Schrift der fiskalischen Administration des Bergbaus und dem fiskalischen Betriebe von Berg- und Hüttenwerken das Wort. In späteren Jahren trat er in gemäfsigtem Grade immer mehr zu der Ansicht über, dafs es zweckmäfsiger sei den Bergbau und Hüttenbetrieb der Privat-Industrie und freier Entwickelung zu überlassen, und nur der Oberaufsicht des Staats zu unterwerfen.

Diese Schrift wurde in diesem letztgenannten Standpunkte von einem Herrn Thiel in mehreren Aufsätzen [1]) heftig angegriffen und von K., bei dem damaligen Zustande des Bergwesens gewifs mit vollem Rechte, vertheidigt [2]).

Schon im folgenden Jahre (1817) hatte K. ein neues wichtiges Werk beendet, seinen: „Grundrifs der Metallurgie und der metallurgischen Hüttenkunde" (s. Anhang 4.), in welchem zum ersten Male die Aufstellung eines vollständigen Systemes der Metallurgie unternommen wurde. In der Einleitung sagt er: „es fehlt nicht an Beschreibungen einzelner Hüttenprocesse, von denen mehrere mit Sorgfalt angefertigt sind und von praktischer Kenntnifs zeugen. Aber diese so wenig, als der gröfste Theil der bisher erschienenen Schriften über das Hüttenwesen, die gröfstentheils auch nur nach einer gewissen Reihefolge geordnete Beschreibungen lokaler Processe enthalten, vermögen einen genügenden Ueberblick von dem jetzigen Zustand der praktischen Metallurgie zu gewähren. Diesem Bedürfnifs abzuhelfen, ist eigentlich die Bestimmung der vorliegenden Schrift. Deshalb wird man darin keine Beschreibung wirklich stattfindender Processe, sondern vielmehr eine Darstellung der Processe selbst und die Untersuchung der Gründe erwarten, aus denen sie so oder anders geleitet werden müssen. Wie schwierig und wie undankbar ein solches Unternehmen, bei den geringen Fortschritten, welche die Pyrotechnik gemacht hat, und bei der geringen

[1]) Schlesische Provinzialblätter Bd. 66. 67. 68.
[2]) Ebend. Bd. 66 p. 252.

Summe von Erfahrungen, welche in diesem Gebiete gesammelt worden sind, sein werde, konnte dem Verfasser nicht entgehen, indem derselbe schon zu oft selbst in den Fall gekommen ist die unbestrittenen Lehren der Theorie in der Anwendung, an den Klippen der mangelhaften Erfahrung scheitern zu sehen. Ungeachtet dieser Unvollkommenheit hält sich der Verfasser aber doch für berufen, dem hüttenmännischen Publikum diese Schrift in der Hoffnung zu übergeben, dafs sie den Grund legen werde, auf welchem fortgebaut werden möge, und dafs sie manche Andeutungen enthalte, welche dem praktischen Hüttenmanne von Interesse und von Wichtigkeit sein werden."

Der Geist und die Ausführung sind dieselben in dieser Schrift wie in der Eisenhüttenkunde: strenge wissenschaftliche Anordnung, Gründlichkeit und Vollständigkeit des Materials, und die klare überzeugende Sprache des Praktikers. Der Erfolg war ein ebenso glücklicher, da K. „den Grundrifs" später zu seinem grofsen Handbuche der Metallurgie erweitern konnte.

Das letzte litterarische Unternehmen aus dieser schlesischen Zeit war der Beginn des Archivs für Bergbau und Hüttenwesen, von welchem wenigstens noch der erste Band in Breslau erschien. Veranlassung und Plan zu dieser Zeitschrift setzte K. zu Anfang des ersten Bandes auseinander. Die äufsere Veranlassung war durch das Eingehen des von Hoffmann redigirten neuen Bergmännischen Journals gegeben. Um aber den Standpunkt zu bezeichnen, den K. auch hier wieder mit gleicher Festigkeit wie in seinen andern Werken einnahm, genügt eine Stelle aus der Einleitung.

„Der Bergbau- und das Hüttenwesen," heifst es, „gehören zu den Gewerben, welche mit den Wissenschaften eng verbunden sind. Mathematik, Chemie, Physik und Mineralogie äufsern auf sie ihren mächtigen Einflufs, allein sie wirken auch wieder kräftig auf jene Wissenschaften zurück, wenn sie bald zur praktischen Vervollkommnung des Maschinenwesens, bald zur näheren Kenntnifs der Erscheinungen bei der Einwirkung der Körper auf einander in verschiedenen Temperaturen, bald zur Berichtigung der Ansichten über die Lagerungsverhältnisse der Massen Anlafs geben, aus welchen der feste Theil unserer Erdoberfläche zusammengesetzt ist. Durch diese nur im Allgemeinen angegebene Beziehung des eigentlichen Berg- und Hüttenmännischen Gewerbes mit den Wissenschaften, deren Lehren bei seiner Ausübung zum Grunde liegen, ist das grofse ungeheure Feld, welches Bergbau und Hüttenkunde anbauen sollen, und die Vorrathskammer angedeutet, aus welcher der veredelte Saamen erwartet wird, welcher auf jenem Felde zur reifen Frucht gedeihen soll." Und weiter: „Unsere Absicht kann demnach keine andere sein, als:

> die Ausübung des Berg- und Hüttenwesens nach wissenschaftlichen Grundsätzen zu befördern; die eigentliche Bergbaukunde und Hüttentechnik durch Mittheilung praktischer Erfahrungen und angestellter Versuche zu vervollkommnen, und die geschichtliche Kenntnifs von dem gesammten Bergbau und Hüttenbetrieb möglichst zu vervollständigen."

Diesen hohen Gesichtspunkt hat K. bei der Herausgabe des Archivs ununterbrochen festgehalten, und durch zahlreiche Arbeiten auf allen Gebieten der exakten Wissenschaften nachgewiesen, welch ein glücklicher Erfolg für Wissenschaft und Industrie durch die Verbindung beider erzielt wird.

K's. wissenschaftliche Richtung führte ihn stets wo seine geschäftliche Stellung ihm die Zeit gestattete, in wissenschaftliche Vereine, auch wurde er von Gesellschaften, sowohl von denen welche gelehrte als welche technischpraktische Zwecke verfolgten, in dieser Zeit mehrfach zum Mitgliede erwählt. So wurde er 1804 ordentliches Mitglied der Gesellschaft zur Beförderung der Naturkunde in Schlesien, 1817 Mitglied der Landwirthschaftlichen Gesellschaft in Mecklenburg, 1818 der Dresdner Gesellschaft für Mineralogie und des patriotischen Vereins in Mecklenburg. Schriftstellerisch thätig für diese Gesellschaften zu sein, war bei der ohnehin schon unglaublichen Arbeit welche er leistete, nicht wohl möglich, doch hat er der noch jetzt rüstig fortwirkenden Schlesischen Gesellschaft, durch Bereicherung ihrer mineralogischen Sammlung wesentlich genützt [1]).

Ein eigenthümliches Interesse bietet die kurze Zeit der Amtsführung K's. als Münz-Direktor der Breslauer Münze dar. Mit gewohnter Energie faſste er neben seinen sonstigen Arbeiten auch die Aufgabe an, wuſste sich in kürzester Frist in den Geschäftsgang und in die technischen Details zu finden, trat auch hier sofort mit Verbesserungen in der Organisation hervor. Mit Anfang des Jahres 1817 war ihm die Münz-Direktion übertragen worden und schon am 8. September desselben Jahres überreichte er dem Ministerio der Finanzen einen bis in die kleinsten Einzelheiten durchgeführten Oekonomie-Plan für die Breslausche Münze pro 1818. Er konnte von diesem Plane sagen, daſs es der erste vollständig bearbeitete Oekonomie-Plan für eine Münzanstalt wäre, welcher in den Königl. Preuſsischen Staaten entworfen worden sei; später hat sein Plan als Grundlage ähnlicher gedient. Gewiſs ein merkwürdiges Beispiel von dem organisirenden Talente K's.

Wir sahen in dem Bisherigen nur den ausgezeichneten Beamten, den energischen Geschäftsmann, den scharfsinni-

---

[1]) S. die Denkschrift zur Feier ihres 50jährigen Bestehens, herausgegeben von der Schlesischen Gesellschaft für vaterländische Cultur. Breslau, 1853, p. 14.

gen und denkenden Metallurgen und Gelehrten. In der That ist es ja diese Seite des öffentlichen Characters, welche hervorgehoben werden soll um seine Stellung in der Culturgeschichte zu bestimmen. Man würde sich aber ein sehr verkehrtes Bild von K. machen, stellte man sich ihn als nüchternen Geschäftsmann und vertrockneten Gelehrten dar. Ebenso empfänglich für die Schönheiten der Natur, wie schon aus einigen oben erwähnten Aeufserungen auf der Reise nach Nassau erhellt, fand K. auch besondere Befriedigung im sanften Glücke des Familienlebens und der geselligen Freundschaft, auch hatte er den Werth desselben im väterlichen Hause und vor allem, in schwerer Zeit, im Hause seiner Schwiegereltern schätzen lernen. Laute Geselligkeit vermied er freilich, konnte sich auch gröfseren öffentlichen Gesellschaften, wie z. B. der Vereinigung in den Freimauerlogen, denen er eine Zeitlang zugehörte, nicht auf lange Zeit widmen, desto mehr war sein Platz im engen traulichen Kreise, den er, so wenig dies seiner Natur zu entsprechen schien, stets belebte. Ernst und streng von Natur, schienen diese Eigenschaften von ihm nur auf seine Forderungen an sich selbst angewendet zu werden. Gegen Andere war er mild und nachsichtig, von der zartesten Liebe gegen die Seinen, von der treusten Freundschaft gegen die erprobten Freunde. Dem aus Schlesien Scheidenden sahen viele Familien, denen er ein treuer oft helfender Freund gewesen war, mit Wehmuth nach, namentlich die treuen Gefährten seiner Arbeiten an den Oberschlesischen Hütten- und Bergwerken. Er hat sie nie vergessen, und dafs auch ihm dort ein segnendes Angedenken bewahrt wurde, haben die letzten Jahre seines Lebens gezeigt.

---

## 4. Von der Berufung nach Berlin bis zum Austritt aus dem Staatsdienste 1819—1850.

Das Commissorium nach Nassau und die hiermit verbundene Reise am Rhein und in Westphalen, hatten K's. Berufung in die Ober-Berghauptmannschaft nach Berlin vorbereitet. Oefters hatte K. in Briefen auf jener Reise geäufsert, die herrliche Natur, die Reichthümer der Berge könnten den Wunsch in ihm rege machen, dort zu leben, im Siegen'schen oder in der Grafschaft Mark oder in Bonn. Dann setzte er aber hinzu, dafs er Schlesien dochnicht untreu werden wolle, es sei denn, dafs ihm angetragen werde Breslau mit Berlin zu vertauschen. Hierhin zogen ihn nicht allein Familienbande, sondern auch der in den folgenden Jahren immer stärker werdende Wunsch an einem Orte zu leben, der mehr wissenschaftliche Hülfsmittel und mehr Verkehr mit den Männern der Wissenschaft darbot als Breslau, zumal nachdem allmälig mehrere seiner Freunde Berufungen nach andern Orten gefolgt waren, namentlich als auch Link, mit welchem er sich in Breslau so glücklich wieder zusammengefunden hatte, zur Uebernahme der Professur der Botanik und der Direktion des botanischen Gartens nach Berlin ging.

Wenige Jahre darauf wurde also dieser Wunsch erfüllt und K. nach Berlin versetzt, wo er bis zuletzt in seiner amtlichen Wirksamkeit geblieben ist, auch nur einmal ernstlich daran dachte, nach einem anderen Orte überzusiedeln.

Nach der Absicht des Ministers Freiherrn v. Schuckmann, sollte die Berufung nach Berlin nur ein Interimistikum sein, indem er K. 1819 zum Berghauptmann bei der beabsichtigten Verlegung des Ober-Berg-Amts von Breslau nach Brieg bestimmt hatte, „einen Mann wissenschaftlich und praktisch für das Berg- und Hüttenfach ausgebildet, von zuverlässigem Charakter, der sich durch mannigfache Verbesserungen und Erweiterungen bei den Schlesischen Hüttenwerken und durch mehre sehr geschätzte literärische Arbeiten bereits unläugbare Verdienste erworben hat, mit der gröfsten Liebe und Thätigkeit, selbst mit Aufopferung seiner Gesundheit, seine Geschäfte regelmäfsig verfolgt, von dem ich daher die Einführung und Festhaltung eines geordneten und übereinstimmenden Geschäftsbetriebes bei dem Ober-Berg-Amte, woran es bisher leider fehlte, mir versprechen darf." Durch die Ernennung zum Berghauptmann würde K. ältere, aber für die Direktion weniger taugliche Räthe übersprungen haben, und der Minister wünschte, um jene dies nicht unmittelbar empfinden zu lassen, K. zuvor in der Ober-Berg-Hauptmannschaft interimistisch arbeiten zu lassen. Die Anstellung in Berlin ward indessen, wie wir sehen werden, bald eine definitive.

Wir müssen uns in der Schilderung dieses zweiten Lebensabschnittes meistens auf kurze Andeutungen beschränken, weil uns nur sehr lückenhaftes Material vorliegt, welches hier um so weniger ausreicht eine ebenmäfsige chronologische Darstellung zu geben, als im Vergleich zur Schlesischen Periode K's. Beschäftigungen jetzt ungleich mannigfaltiger waren.

1. Amtsgeschäfte und Dienstreisen. Der Verlauf von K's. Personalverhältnissen in Berlin war folgender. Hatte er bei seiner Anstellung in der Ober-Berg-Hauptmannschaft zuerst interimistisch, dann definitiv die Geschäfte des Geheimen Berg-Rathes Kölpin, d. h. die Bearbeitung der Rheinischen Berg- und Hüttensachen zu besorgen, so ward ihm schon kurze Zeit darauf, unterm 26. Januar 1821 mit seiner Ernennung zum Geheimen Ober-Berg-Rath und vortragenden Rath im Ministerio, ein umfassenderer Wirkungskreis zugewiesen, indem ihm die Oberleitung des gesammten Hüttenwesens im preufsischen Staate und die Sa-

linenverwaltung übertragen wurde. K. hat diesen Posten 30 Jahre lang, Verbesserungen des Gehaltes abgerechnet, in unveränderter Stellung verwaltet. Ob er gleich dem Wesen nach oft das Amt des Ober-Berg-Hauptmanns [1]) bekleidete, ward ihm dieser, der allgemeinen Stimme nach gebührende Posten doch nicht übertragen, derselbe ihm erst angeboten als es zu spät war (kurz vor seinem Abschiede), wenigstens nach K's. eigner Meinung zu spät, da er bei den strengen Anforderungen, die er an sich selbst machte, sich nicht mehr für kräftig genug hielt denselben zu verwalten. Von Auszeichnungen die er im Staatsdienst erhielt sei gleich hier die Verleihung des rothen Adler-Ordens III. Klasse (1830), der II. Klasse mit Eichenlaub (1843) erwähnt. Als Gunstbezeugungen wird man dies nicht anzusehen haben, es kamen die Orden den Dienstjahren zu. Auch ward K. bei seinem Abschiede aus dem Staatsdienste keinerlei besondere Gunst zu Theil, wie sonst wohl üblich, zumal wenn ein so verdienter Mann sein Amt niederlegt; nur der Minister richtete ein freundliches Schreiben an ihn. Die Gründe für diese auffallende Thatsache werden wir später vermuthen können. K. konnte die Kränkung im Bewufstsein dessen was er für den Staat gethan, verschmerzen.

Die amtliche Stellung K's. in Berlin macht es natürlich, dafs von einer unmittelbar eingreifenden Thätigkeit,

---

[1]) Nach der Aufhebung eines besondern Ministerii für das Bergwesen war der Chef des Berg- und Hüttenwesens Vorstand einer Ministerialabtheilung des Innern. Dieser Posten wurde zuerst von D. L. G. Karsten bekleidet, ihm folgten der Reihe nach mit dem Titel des Ober-Berg-Hauptmanns: Gerhard, von Veltheim, Graf Beust. Jetzt ist der Posten noch immer vakant.

Eine ausführliche Darlegung der Gründe warum K. diese Stelle nicht rechtzeitig angeboten wurde, wird man uns erlassen, sie liegen in K's. schlichtem und graden allem höfischen Wesen feindlichen Charakter. Die Zeiten hatten sich seit 1810 verändert, als D. L. G. Karsten schrieb: „beim Bergwesen haben wir Gott sei Dank keine Adelsbank."

wie in Schlesien, nicht mehr die Rede sein kann. Seine Einwirkung auf das Bergwesen des Staates ist darum nicht geringer geworden, nur besteht sie von nun an in der Anregung und Anordnung von Bauten, Arbeiten und Versuchen, an deren Ausführung er früher selbst theilnehmen konnte. Im Gegentheil war seine Thätigkeit jetzt durch ihren Umfang von um so gröfserer Wichtigkeit, da er, ohne den Schauplatz seiner früheren Arbeiten aus den Augen zu verlieren, seine Aufmerksamkeit nun auch auf die andern Theile der Monarchie richtete und namentlich in dem für Preufsen so überaus wichtigen Salinenwesen einen mächtigen Aufschwung bewirkte. Um nur einige Arbeiten, welche auf K's. Anregung zurückzuführen sind, zu nennen, so sind dies: die Anlage des Puddlings- und Stabeisen-Pochwerkes Alvenslebenshütte auf Königshütte; die Meliorationsbauten der Saynerhütte, die Bohrarbeiten im Westphälischen Distrikt: bei Königsborn und Neusalzwerk, im Niedersächsisch-Thüringischen Distrikt: bei Dürrenberg, Stafsfurth, Schönebeck und Artern; ferner die Bohrversuche bei Boronowo unweit Bromberg.

Es dürfte indessen unmöglich sein festzustellen, wie weit gerade K. sich bei den einzelnen der angeführten und andern Arbeiten verdient gemacht hat. Nach der Natur des Geschäftsganges wird man aber anzunehmen haben, dafs er auf seinen, fast in jedem Jahre unternommenen, bald hierhin, bald dorthin gerichteten Dienstreisen mit gewohntem Scharfblick erkannte, welche Unternehmungen oder welche Verbesserungen nützlich sein würden. Seine Reisebemerkungen wurden dann im Collegium durchgearbeitet und gelangten hierauf nach allseitiger Prüfung zur Ausführung. Vielfach hat K. das ihm zu ertheilende Reise-Commissorium in Rücksicht auf bestimmte Unternehmungen die ihm besonders wichtig schienen, selbst entworfen und fast immer erfolgten dann gleich nach der Reise hierauf bezügliche Anordnungen.

Hatten die Dienstreisen häufig wohl nur den Zweck, K. als Ministerialrath in der nöthigen genauen Lokal- und Personal-Kenntnifs zu erhalten, so erreichte er ausserdem durch die persönliche Beziehung, in welche er mit allen Beamten trat, einen nicht minder bedeutenden Erfolg, indem es wohl wesentlich mit seinem Beispiele und seiner Anregung zugeschrieben werden darf, wenn man es jetzt als eine charakteristische Eigenthümlichkeit der preufsischen Berg- und Hüttenverwaltung, wodurch sie vor allen andern Dienstbranchen des Staates hervorleuchtet, bezeichnen kann, dafs in ihren Beamten praktische Tüchtigkeit und Pflichtmäfsigkeit im Dienst sich in innigster Verknüpfung mit einer ausgezeichneten wissenschaftlichen Bildung und wissenschaftlichen Thätigkeit befindet. Man braucht nur die 46 Bände des Archiv's durchzublättern, um den Erfolg dieser wissenschaftlichen Anregung zu erkennen, die sich nach und nach, auch in fernen Ländern, geltend gemacht, die „rationelle Bergbau- und Hüttenbetriebs-Kunde" weit verbreitet hat.

Wir zählen in den 30 Jahren von 1820—1850 zehn gröfsere und eine Menge kleinerer Dienstreisen K's., die ihn nicht nur in allen Theilen der preufsischen Monarchie, sondern auch fast zu allen für den Berg- und Hüttenmann interessanten Punkten Deutschlands, Oestreichs und der Schweiz führten. Auch Belgien und den Elsafs bereiste er flüchtig, dagegen kam er nicht zur Ausführung eines Lieblingswunsches Frankreich und namentlich Grofsbritannien zu bereisen, von wo aus häufig die freundlichsten Einladungen an ihn ergangen waren.

Auf vielen seiner Reisen begleiteten ihn jüngere Beamte, welchen hierdurch eine treffliche Gelegenheit zu lehrreichen Beobachtungen geboten wurde, indem K. trotz der oft nur knapp bemessenen Zeit der Reisen es dennoch verstand im Fluge die gründlichsten Untersuchungen anzustellen. Kamen diese zunächst dem Dienste zu Gute, indem K. gewöhnlich gleich nach den gröfseren Reisen eine Anzahl von Promemorien über die verschiedenen Beobachtungen einreichte, so dienten sie ferner auch zur Förderung der Wissenschaft, indem K. auf solchen Reisen das Material zu einigen seiner grofsen Werke sammelte. So wurde eine Dienstreise 1820 durch Baiern und Oesterreich Veranlassung zu der Schrift: „Metallurgische Reise etc.", welche er mit Genehmigung der österreichischen Regierung veröffentlichte, die ihn mit grofser Liberalität auf den K. K. Hüttenwerken zugelassen hatte.

Zu der Salinenkunde hatten viele Dienstreisen, besonders 1833 im Niedersächsisch-Thüringischen Distrikt, 1834 auf die Westphälischen Salinen, 1837 auf die Schwäbischen Salinen, 1838 wieder im Niedersächsisch-Thüringischen Distrikt, ferner eine privatim 1843 unternommene Reise in das Salzkammergut u. s. w., zu welcher ihm indessen von der Regierung eine Reiseunterstützung von 400 Thlr. bewilligt wurde, allmählig das reichste Material geliefert, welches K's. Erfahrungen so vervollständigte, dafs jenes vorzügliche Werk von ihm geschrieben werden konnte.

Nicht minder wurden von K. die Beobachtungen auf den Dienstreisen im Schlesischen Haupt-Berg-Distrikt so wie am Rhein zu immer gröfserer Vervollkommnung seiner beiden Hauptwerke: der Eisenhüttenkunde und der Metallurgie benutzt und gaben aufserdem Veranlassung zu zahlreichen Abhandlungen im „Archive."

So zog er aus den Reisen den vielseitigsten Nutzen; für das Beste des Staates bedacht, indem er überall auf Verbesserungen und neue zweckmäfsige Einrichtungen sann, feuerte er zugleich den Eifer und die praktische wie wissenschaftliche Thätigkeit der Beamten an, und legte selbst in seinen Schriften die Grundsteine berg- und hüttenmännischer Wissenschaft.

2. Arbeiten zur Berggesetzgebung. Von grossem Einflusse sind K's. Arbeiten auf dem Gebiete des Berg-

rechts. Schon im Jahre 1828 bereicherte er die Literatur desselben mit einem Werke, mit dem „Grundrifs der Bergrechtslehre, Berlin 1828", welches in den Ergänzungen und Erläuterungen des allgemeinen Landrechts [1]) mit wenigen Worten so bezeichnet wird: „ausgezeichnet durch scharfsinnige Erörterungen und Beleuchten wichtiger Kontroversen, leider aber ohne specielle Citate, entschieden allen andern voran." Bis die schon lange in Aussicht gestellte völlige Reorganisation des Bergrechtes erfolgt sein wird, mufs K's. „Grundrifs" daher als eine der bedeutendsten Rechtsquellen für das Bergrecht betrachtet werden.

Einen wichtigen Beitrag namentlich zur wissenschaftlichen Begründung des Bergrechtes, gab K. ferner in einer Monographie „über den Ursprung des Bergregales, Berlin 1844."

Dann aber war K. in Folge seiner amtlichen Stellung eine lange Reihe von Jahren hindurch bei der Revision der Berggesetzgebung beschäftigt, welche endlich durch die Arbeiten einer in den Jahren 1845 und 1846 unter dem Vorsitze des Staatsministers von Savigny thätigen Commission ein Ende zu erreichen schien. Leider ist in Folge der Ereignisse des Jahres 1848 bisher von jener grofsen Revisionsarbeit nur ein geringes praktisches Resultat erreicht worden, indem nur einzelne Bestimmungen bisher gesetzliche Gültigkeit erlangt haben. Indessen wird der von der genannten Commission ausgearbeitete „Entwurf des allgemeinen Bergrechts, der Instruktion zur Verwaltung des Bergregals und der provinzial-bergrechtlichen Bestimmungen für die Preufsischen Staaten" nebst den hierzu gehörenden, in den „Protokollen über die Revision des Bergrechtes" niedergelegten Motiven, die Grundlage bilden, auf welche eine neue, nun hoffentlich bald ins Leben tretende, Berggesetzgebung sich stützen wird.

---

[1]) Bd. V. p. 279 der dritten Ausgabe.

Das Protokoll der ersten Sitzung vom 22. Mai 1845 läfst in einer historischen Uebersicht der Bestrebungen die Berggesetzgebung zu reformiren, den Antheil K's. an diesen Arbeiten übersehen. Es datiren dieselben vom Jahre 1826. Im Jahre 1833 legte eine von K., dem Geh. Ober-Finanzrath Skalley und dem Hofgerichtsrath v. Viebahn gebildete Commission, nach wenigen Monaten angestrengter Arbeit, den ersten gedruckten Entwurf des allgemeinen Bergrechts, nebst Entwürfen zu der Verwaltungsinstruktion mit den Motiven vor.

Nach Begutachtung desselben durch die sämmtlichen Landes-Justizkollegien, durch die Ober-Präsidenten derjenigen Provinzen, in welchen Bergbau vorkommt und durch einzelne, aus besonderm Vertrauen dazu ersehene Bergbeamte, wurde im Justizministerio 1835 mit Zuziehung von Skalley und K. ein zweiter gedruckter Entwurf, unter der Benennung „revidirter Entwurf" vorbereitet, und 1836 im Staatsministerio berathen. In Folge von Bedenken, welche der Entwurf hierselbst hervorrief, wurden nochmals die Gutachten der Oberbergämter eingefordert, welche 1837 und 1838 einliefen.

Nunmehr übernahm K. im Jahre 1839 bei abermaligen Konferenzen im Justizministerio den Vortrag. Aus diesen Konferenzen ging ein dritter gedruckter Entwurf hervor, der 1841 den Provinzialständen von Schlesien, Sachsen, Westphalen und der Rheinprovinz zur Prüfung und Begutachtung vorgelegt ward. Hierauf folgten nun die schon erwähnten Konferenzen unter dem Vorsitze von v. Savigny die im Dec. 1846 abgeschlossen wurden. In Rücksicht auf K's. speciellen Antheil an den Arbeiten der Commission, mufs hier auf das Protokoll über die Konferenzen hingewiesen werden. Nur soviel mag erwähnt sein, dafs in dem Entwurfe von 1833 und in den Protokollen zu dem letzten Entwurfe, besonders die liberaleren Ansichten über die Verwaltung der Bergwerke hervortraten, zu denen K.

allmählig, im Gegensatz zu den früher von ihm verfochtenen (s. ob.) übergegangen war.

3. Arbeiten zur Eisenzollfrage. Eine sehr einflufsreiche Thätigkeit, die ihm leider viel Verdrufs bereitete, entwickelte K. bei den Verhandlungen über die Eisenzollfrage in den Jahren 1842—1845.

Wie schon oben erwähnt, hatten sich K's. Ansichten bei der glücklichen Entwickelung des Berg- und Hüttenwesens, in administrativer Hinsicht immer mehr dem Fortschritte zugeneigt, doch keineswegs dem Fortschritte, welcher sich mit dem Jahre 1848 geltend zu machen suchte, als die Oberaufsicht des Staates womöglich gänzlich beseitigt werden sollte. Durch seine liberalen Ansichten, die ihn nun auch in der Eisenzollfrage auf die Seite des Freihandels sich stellen liefsen, gerieth K. in Widerspruch nicht nur mit den, einen Schutzzoll stürmisch verlangenden Producenten, sondern auch mit denjenigen seiner Collegen, welche für den Schutzzoll mehr oder minder Partei ergriffen. Ueber K. sind damals die härtesten Urtheile von den Gegnern ausgesprochen worden, man beschuldigte ihn in der Verblendung der Partei-Leidenschaft sogar des Verrathes an dem Bergbau und der Industrie des Landes, ihn, dessen ganzes Leben der Emporbringung beider gewidmet war. Es mögen die Ankläger jetzt bei der ruhigen Erwägung ihre Beschuldigungen selbst thöricht finden, K. hat aber auch damals, mitten in den lebhaftesten Verhandlungen durch die Vertheidigung seiner Ansichten keinen Anlafs zu Verdächtigungen gegeben, sondern in seiner ruhigen und sicheren Weise seiner Ueberzeugung gemäfs gehandelt, den Gründen der Gegner nachgegeben wo sie ihn überzeugten, seine Meinung beibehalten wo sie für ihn nicht widerlegt worden war. Dies bezeugt ihm ein Gegner seiner Ansicht, indem er schreibt: „in dergleichen Angelegenheiten fanden daher wohl bisweilen Differenzen der Ansichten statt, so namentlich in der Anschauung der

Eisenzollfrage, in welcher K. mehr auf Seiten der Freihandels-Partei, ich auf Seiten der Producenten standen, resp. kämpften. Aber diese Differenz der Ansichten hatte selbst in Momenten lebhaften Parteikampfes, die leider auch schon vor dem Jahre 1848 bisweilen eintraten, auf die völlig ungetrübte Freundschaft unseres persönlichen Verkehrs nicht den mindesten Einflufs und ich möchte sagen, gestaltete denselben nur noch freundlicher."

Die Frage ist noch als eine schwebende zu betrachten obwohl sie seit ihrer Anregung im Jahre 1842 schon zu zwei Entscheidungen in entgegengesetzter Richtung geführt hat.

Es erscheint daher um so angemessener den Verlauf der Angelegenheiten genauer zu schildern und K's. ausführliches Gutachten mitzutheilen, als dasselbe ohne Zweifel einen gediegenen Beitrag zur Beurtheilung der eben so wichtigen als schwierigen national-ökonomischen Frage liefert.

Auf eine Petition der Eisenhütten- und Eisenfabriken-Besitzer um Anordnung eines Schutzzolles auf Roheisen und verarbeitetes Eisen, eine Petition, welche durch die niedrigen Preise des schottischen Eisens im Jahre 1841 veranlafst worden war, trat auf Befehl des Königs im April und Mai 1842 eine Commission unter K's. Vorsitz zusammen, welche in Conferenzen mit Deputirten der Hütten- und Fabriken-Besitzer und des Handelsstandes die Angelegenheit einer sorgfältigen Prüfung unterwarf.

Im Zollvereinstarif hatten bis dahin folgende Bestimmungen gegolten: Roheisen wurde frei eingeführt, Schmiedeeisen zahlte je nach dem Grade der Verarbeitung 1 bis 3 Thlr. Eingangszoll. Die Producenten gingen in ihren Ansprüchen so weit für den Centner Roheisen einen Schutzzoll von 1 Thlr., und für Schmiedeeisen bedeutende Erhöhungen des Tarifes zu begehren.

Das ausführliche Gutachten, welches wir in der Anlage (Anhang 9.) mittheilen, geht darauf aus, für die folgenden drei Jahre 1843—1845 den alten Tarif mit einigen genauer abgefafsten Bestimmungen beizubehalten. Der neue Tarif 1843—1845 folgte diesem Gutachten. Nun aber erhoben sich in der Presse die heftigsten Angriffe seitens der Producenten gegen diese Entscheidung. Es kam dahin, dafs nicht nur vor Ablauf des revidirten Zolltarifs 1843—1845 neue Conferenzen abgehalten wurden, auf denen die den Schutzzoll vertretende Partei die Oberhand behielt, sondern dafs die Reaktion, welche von nun an gegen die Principien des Zollvereins überhaupt eintrat, sogar eine Aenderung des Tarifes während der Periode 1843 bis 1845 durchsetzte. Unterm 14. Juni 1844 wurde die neue, dann in den spätern bis jetzt noch geltenden Tarif aufgenommene Bestimmung erlassen, dafs Roheisen einen Eingangszoll von 10 Sgr., Schmiedeeisen von 1½ bis 4 Thlr. pro Centner zu entrichten habe.

Die von K. vertretene Freihandelspartei war somit in den Thatsachen unterlegen, nicht aber in ihren Gründen widerlegt, im Gegentheil sollten nach einigen Jahren die Motive des Commissionsgutachtens gerechtfertigt werden. Nun traten die Bemühungen von Seiten der preufsischen Regierung hervor, den alten Tarif wiederherzustellen; sie fand aber bestätigt was das Commissionsgutachten vorhergesagt hatte: dafs es leicht sei einen Schutzzoll einzuführen, sehr schwer aber ihn wieder aufzuheben. An dem Widerstande einiger kleiner Regierungen im Zollvereine ist bisher die wichtige Wiederaufhebung des Eisenschutzzolles gescheitert. Einige Erleichterungen sind indessen dadurch eingetreten, dafs nach dem Vertrage mit Belgien, Roheisen von dort nur den halben Eingangszoll zahlt. Ferner wurde für die Zwecke des Schiffbaues eine Rückzahlung eines Theiles des Eingangszolles, also gewissermaafsen eine Prämie, gewährt. Das sind aber offenbar durchaus ungenügende Maafsregeln, und es ist im Interesse aller Gewerbe zu hoffen, dafs die preufsische Regierung mit ihrem jetzigen Bestreben die Zollfreiheit für Roheisen und die alte mäfsigere Besteuerung des geschmiedeten Eisens wieder herzustellen, bald durchdringen werde. Die jetzigen ungewöhnlich hohen Eisenpreise zeigen, wie völlig grundlos die Behauptungen der Producenten von dem fortwährenden Sinken dieser Preise gewesen sind, und wie genau auch hier wieder das Commissionsgutachten die Sachlage angiebt, wenn in demselben die Periodicität der Preisschwankungen und die Ungefährlichkeit derselben für die einheimische Industrie nachgewiesen wird.

4. Nebenämter. Aufser solcher, durch sein Amt unmittelbar veranlafsten Thätigkeit, bekleidete K. noch mancherlei Nebenämter, theils im Dienste des Staates, theils bei privaten Instituten und Gesellschaften, und ob man gleich meinen sollte, dafs ihm bei den ihn überhäufenden Dienstgeschäften, die er mit der pünktlichsten Genauigkeit besorgte, nicht die geringste Zeit bleiben konnte, so fand er doch noch Mufse so umfassende Arbeiten zu übernehmen, dafs sie allein einem thätigen Manne Beschäftigung zur Genüge gewährt haben würden.

Gleich bei der Begründung des Vereins zur Beförderung des Gewerbfleifses in Preufsen im Jahre 1822 war K. Mitglied desselben geworden und ununterbrochen für denselben bis zum Jahre 1853 thätig geblieben, seit 1824 als stellvertretender Vorsitzender des Vereins und seit 1849 als Vorsteher der Abtheilung für Chemie und Physik, deren Mitglied er von Anfang an gewesen war. Er wendete den Zwecken des Vereins seine unausgesetzte Theilnahme und Fürsorge zu und beförderte nach Kräften die vaterländische Gewerbthätigkeit, besonders auch dadurch, dafs er mit seinen Collegen solche Preisfragen aufsuchte, die auf wichtige Probleme der Industrie hinwiesen, dafs er den Verein mit veranlafste, solche Untersuchungen durch Geldmittel zu unterstützen, welche von Privaten wegen ihrer

Kostbarkeit ohnerachtet ihres Nutzens für die Industrie nicht unternommen werden konnten; es sei z. B. nur die schöne und wichtige Arbeit von P. W. Brix „über die Heitzkraft der Brennstoffe" erwähnt. Zeitraubende Arbeiten hatte K. namentlich in den früheren Jahren des Bestehens dieses Vereines zu besorgen, als an anderen Orten ähnliche Vereine gebildet, Anfragen über die zweckmäfsige Organisation an den Hauptverein oder dessen Abtheilungen gerichtet wurden. Als K. wenige Monate vor seinem, zugleich auch vor dem Tode seines Freundes, des Begründers und Vorsitzenden des Vereins, Beuth, seine Stellen im Verein niederlegte, ward ihm in Anerkennung seiner Verdienste um die gesammte Gewerbthätigkeit und insbesondere um den Verein für Gewerbefleifs, ein herzliches, seinen Austritt lebhaft beklagendes Dankschreiben übersendet.

Neben dieser rein privaten Thätigkeit für den Gewerbeverein, ist ein Neben-Amt im Staatsdienste zu erwähnen, welches K. seit Hermstädt's Tode 1832, bis zu seinem Tode, als Mitglied der technischen Deputation bekleidete, wo über die Erfindungen berathen und beschlossen wurde, welche zur Patentirung für Preufsen bei der Regierung eingereicht worden waren. Die grofsen Mängel der preussischen Patentgesetzgebung, ihr geringer Nutzen für die Industrie sind sehr allgemein anerkannt und waren den Mitgliedern der technischen Deputation keineswegs verborgen. Obgleich daher die praktische Wirksamkeit in dieser Richtung von keinem grofsen Belang sein konnte, so besorgte K. doch die ihm als Mitglied zukommenden Geschäfte stets mit grofsem Interesse, weil sie ihn über die Fortschritte der Industrie und über ihre Bedürfnisse stets auf dem neuesten Standpunkte erhielten. Charakteristisch war es für die Gewissenhaftigkeit und Pflichttreue, mit welcher K. jedes Geschäft besorgte, dafs er die Conferenzen für den Verein des Gewerbfleifses und der technischen Deputation, wenn nicht aus den dringendsten Gründen, niemals versäumte und noch in der letzten Zeit im schlechtesten Wetter und schon von Krankheit gepeinigt, unverdrossen den langen Weg zur Klosterstrafse wanderte.

Eine andere, private, aber sehr erfolgreiche Thätigkeit K's. war folgende. Er hatte auf den Wunsch seines Schwiegervaters Rosenstiel nach diesem die Direktion der Louisenstiftung in Berlin, einer von patriotischen Männern im Jahre 1810 gegründeten Anstalt zur Bildung von Erzieherinnen und zur Mädchen-Erziehung übernommen; dieses Amt hat er im Sinne der Stifter und seines würdigen Vorgängers bis zu seinem Tode verwaltet, namentlich dem Institute seinen einfachen privaten Charakter gegen die Versuche, dasselbe in eine vornehme Staatsanstalt zu verwandeln, gewahrt. „Er sah," wie ein Freund K's. sagt, „diese Anstalt als ein schönes Denkmal aus einer längst dahin geschwundenen grofsen Zeit unserer vaterländischen Geschichte und als ein theueres, aus theueren Händen empfangenes Erbe an, und trug so ihr Wohl und immer fortschreitendes Gedeihen in treuem Herzen bis an sein Ende." 27 Jahre bekleidete er dies Ehren-Amt mit nicht geringem Aufwande von Zeit und Kräften; es ward ihm der schönste Lohn dafür in der Dankbarkeit der vielen Zöglinge des Institutes und dem Danke der Eltern, die ihre Töchter während der Zeit von K's. väterlicher Leitung, demselben anvertraut hatten.

5. Schriftstellerische Thätigkeit. Es bleibt noch übrig von K's. Wirksamkeit als Gelehrter und Schriftsteller zu sprechen. Das Leben in Berlin setzte K. in den Stand diese Seite seiner Lebensthätigkeit glänzend zu entwickeln, für welche die Hülfsmittel der grofsen Stadt, der lebendige Verkehr mit gelehrten Freunden nothwendig war; die in den letzten Jahren in Schlesien so glücklich begonnenen literarischen Arbeiten konnte er nun noch erfolgreicher fortführen.

Seine Schriften (s. Anhang 4.) beziehen sich zwar

vorzugsweise auf das Berg-, Hütten- und Salinen-Wesen, aber auch auf reinwissenschaftliche Fragen aus dem Gebiete der Geologie, Geognosie und Mineralogie, der Physik und Chemie. Solche Untersuchungen bildeten namentlich den Gegenstand der Mittheilungen, welche er der Akademie der Wissenschaften in Berlin machte, deren Mitglied er am 18. April 1822 geworden war. Ueberhaupt wurde K. als Gelehrten, als Begründer der wissenschaftlichen Metallurgie manche Auszeichnung von gelehrten Gesellschaften zu Theil, eine Art der Anerkennung auf welche er gröfseren Werth legte wie auf andre Ehrenbezeugungen, so war er z. B. besonders erfreut als ihn 1826 die Leopoldinisch-Carolinische Akademie (damals noch in Bonn) zu ihrem Mitgliede ernannte, indem sie ihm sinnig den Gelehrtennamen Sven-Rinman ertheilte; dann als er 1845 zum ordentlichen Mitgliede der Akademie zu Göttingen erwählt ward. Andre private Gelehrten-Vereine haben ihm häufig die Ehre erwiesen ihn zu ihrem ordentlichen oder zum Ehren-Mitgliede zu ernennen; doch war er durch seine Geschäfte zu sehr in Anspruch genommen, als dafs er aufser für die Akademie der Wissenschaften in Berlin für die Schriften einer der andern Gesellschaften, deren Mitglied er war, hätte wesentlich thätig sein können.

Für die Akademie aber wirkte er nach mehr wie einer Richtung: durch seine Beiträge für deren Schriften, durch seine persönliche freundliche Beziehung zu seinen Collegen, und durch sein Amt als Secretair und Cassenführer der physikalisch-mathematischen Abtheilung, welches er seit vielen Jahren sorgsam und zum Nutzen der Akademie verwaltet hat. Seiner Wirksamkeit als Akademiker gebührt wohl ein Wort aus der Mitte seiner Collegen, dem wir nicht vorgreifen mögen.

Wenn wir im Folgenden K's. Schriften erwähnen soweit von denselben im Vorigen noch nicht die Rede war, so wird man eine ausführliche Kritik nicht erwarten, welche für einige der allgemein anerkannten und verbreiteten Werke überflüssig sein würde, für andre nur von einem sachkundigen Fachgenossen in genügender Weise gegeben werden könnte.

Die erste Schrift, welche er aufser dem schon in Breslau begonnenen und in Berlin fortgeführten Archiv für Bergbau und Hüttenwesen nach seiner Anstellung in Berlin herausgab, war die „Metallurgische Reise durch einen Theil von Baiern und die südlichen Provinzen Oesterreichs", welche 1821 erschien und Bemerkungen und Beobachtungen enthält, welche K. auf einer im Sommer 1820 unternommenen Reise machte. Der Zweck dieser Reise war sich über folgende Punkte zu unterrichten. Die enge Verbindung, welche durch die riesenhafte Soolenleitung von Berchtesgaden nach Reichenhall, Traunstein und Rosenheim zwischen den baierischen Salinen hervorgebracht ist; die Einrichtungen auf diesen Salinen selbst; der eigenthümliche Betrieb der Sinkwerke in den Steinsalzgruben in Süd-Deutschland; die von der gewöhnlichen Verfahrungsart abweichenden Aufbereitungsarbeiten auf den Gruben im Salzburgischen; der wichtige Bleibergbau zu Bleiberg mit seinen vollkommenen Aufbereitungs- und Hüttenarbeiten; der Betrieb des alten und berühmten Quecksilberbergwerkes zu Idria, besonders aber der Zustand des Eisenhütten-Gewerbes und die Eigenthümlichkeit desselben in den südlichen Provinzen Deutschlands. Man sieht also, dafs K. auf dieser Reise sein Ziel auf die Gegenstände richtete, denen er in seiner neuen amtlichen Stellung bald seine Hauptfürsorge zuwenden sollte; es erhellt aber aus dem angeführten allgemeinen Inhalte, dafs man in der Reisebeschreibung mehr findet als man nach dem Titel erwartet, indem dieselbe keineswegs nur metallurgische Mittheilungen bringt, sondern sich erstens auch, und zwar sehr vollständig, über die Salinen verbreitet, sodann aber nebenher treffende Bemerkungen über die verschiedenartigsten Gegenstände enthält, welche K., wenn auch nur im Fluge, so doch mit sicherem Blicke beobachtete. Noch jetzt, nachdem so viele der in der Reise beschriebenen Gegenstände sich verändert oder andern Platz gemacht haben, wird man die Schrift ihrer lebendigen Schilderung und scharfen Characteristik wegen mit Vergnügen lesen.

Das nächste gröfsere und für sich bestehende Werk (von den Abhandlungen wird nachher die Rede sein), erschien 1827, während inzwischen das Archiv bis zum 13. Bande fortgeschritten war. Es war die zweite Auflage der Eisenhüttenkunde, oder eigentlich ein ganz neues Werk in 4 Bänden statt der beiden der 1. Auflage. Das Urtheil über das Werk war sofort bei dem Erscheinen desselben so einstimmig anerkennend wie noch jetzt; in den öffentlichen Anzeigen sprach sich dies ebensowohl aus wie in dem häufigen Gebrauche, welcher von dem Werke in der Praxis gemacht wurde. „Mit besonderem Vergnügen," heifst es in einer solchen Kritik [1]), „zeigt Ref. das vorliegende Werk an, auf welches Deutschland mit Recht stolz sein kann. Die früheren im In- und Auslande über das Ganze der Eisenhüttenkunde erschienenen Werke, werden von diesem in jeder Hinsicht weit übertroffen. Für die Theorie der Darstellung des nützlichsten Metalles in seinen verschiedenen Zuständen ist dadurch eine ganz neue Bahn gebrochen und die auf die höchst verschiedenartigen Methoden der Darstellung sich beziehenden Erfahrungen, sind darin mit bewundernswürdiger Vollständigkeit zusammengestellt. Dies Handbuch ist daher nicht allein in wissenschaftlicher Hinsicht von hohem Interesse, sondern auch für die Praxis des Eisenhüttenwesens von grofser Wichtigkeit" u. s. f. Ein Anderer sagt [2]): „Am Schlufs dieser Anzeige können wir nicht umhin noch den Ausspruch zu thun,

---

[1]) Götting. gel. Anz. 1830. St. 72 vom 8. Mai p. 705.
[2]) Hallische Literatur-Zeit. 1829. III. 593.

dafs kein Zweig der Technik und keine Sprache ein solches Werk besitzt, und dafs es zu den allerbedeutendsten literarischen Erscheinungen zu zählen ist." Diese Urtheile fanden auch darin ihre Bestätigung, dafs diese zweite Ausgabe, wie die erste, sofort in's Französische übersetzt wurde.

Schon im folgenden Jahre 1828 erschien der „Grundrifs der Bergrechtslehre," in welchem K. seine bisherigen Studien über diesen Gegenstand zusammenfafste. Es ist von diesem Werke schon oben die Rede gewesen.

Mit dem nächsten Jahre begann die Herausgabe der neuen Reihe des Archiv's, welches sich über den Umfang der ersten Reihe, die vornehmlich nur unmittelbar in Beziehung zur Praxis stehende Abhandlungen umfafst hatte, nun auch auf die rein wissenschaftlichen naheliegenden Disciplinen der Mineralogie und Geognosie ausbreiten sollte. Gleich der erste Band dieser Reihe brachte eine Anzahl vorzüglicher Abhandlungen auf dem neu hinzutretenden Felde von Weifs, v. Oeynhausen, v. Dechen, Fr. Hoffmann; ferner von K., dessen klassische Abhandlungen über den Amalgamationsprocefs, und bewährte so den Ruf, welchen die Zeitschrift sich schon in der ersten Reihe als eine der vorzüglichsten erworben hatte und den sie bis zum Schlusse aufrecht erhielt.

Zwei Jahre später gab K. abermals ein Werk heraus, welches in seiner Bedeutung nur mit der Eisenhüttenkunde verglichen werden kann. Das „System der Metallurgie," eine vollständige Ausarbeitung der Andeutungen, welche K. in seinem Grundrisse der Metallurgie gegeben hatte, erschien in 5 Bänden und mit einem Kupfertafel-Atlas von 51 Folio-Blättern im Jahre 1831. K. war offenbar vermöge seiner vielfachen Erfahrungen und durch die Hülfsmittel, welche ihm zu Gebote standen, besonders geeignet ein solches Werk, das zu den wesentlichsten Bedürfnissen der Literatur gehörte, zu geben. In der That erreichte denn auch das System der Metallurgie die anerkannte Vollkommenheit, wobei K. nicht wenig durch die Liberalität der Ober-Berg-Hauptmannschaft gefördert wurde, welche nicht allein für eine genaue und sorgfältige Aufnahme der auf den Preufsischen Hüttenwerken vorhandenen Oefen und Vorrichtungen sorgte, sondern die Herausgabe noch durch die Anordnung unterstützte, dafs die Anfertigung der Zeichnungen einem unterrichteten und für die Ausführung derselben mit grofser Genauigkeit besorgten jungen Mann, dem Herrn v. Brand, übertragen ward. K. bedauerte dem Werke nicht auch die Beschreibung der Hämmer, der Walz- und Schmiedewerke und überhaupt der Vorrichtungen hinzufügen zu können, durch welche einige Metalle diejenige äufsere Gestalt erhalten, in welcher sie erst ein Gegenstand für den Handel werden. Der bedeutende Kostenaufwand, welchen die zur Erläuterung erforderlichen vielen Kupfer veranlafst haben würden, nöthigte vorläufig davon abzustehen.

Später ist K. leider nicht dazu gekommen, wie er im Sinne hatte, diesen Abschnitt der Metallurgie zu bearbeiten.

Uebergehen wir vorläufig die rein theoretischen Werke so ist zunächst die Herausgabe der dritten Auflage der Eisenhüttenkunde in 5 Bänden und mit einem Kupfertafel-Atlas von 63 Folio-Blättern im Jahre 1841 zu erwähnen. Auch diese Ausgabe war wieder als ein völlig neues Werk anzusehen, obgleich natürlich viele Theile der ältern Auflage beibehalten worden waren. In der Vorrede spricht K. die Stellung der neuen Ausgabe gegen die frühern folgendermafsen aus. „Für die günstige Aufnahme, deren sich das Handbuch der Eisenhüttenkunde fortdauernd zu erfreuen hat, glaube ich meinen Dank nicht besser als dadurch an den Tag legen zu können, dafs ich nach Kräften bemüht gewesen bin, in dieser dritten Ausgabe die Unvollkommenheiten der zweiten zu verbessern und eine vollständige Darstellung von dem jetzigen Zustande des Eisenhüttenwesens zu entwerfen. Die Ansichten über die Natur des Eisens in seinen verschiedenen Zuständen, welche ich schon vor 25 Jahren in den Grundzügen entwickelte, haben sich immer mehr bestätigt und sind — ungeachtet des Widerspruchs berühmter Chemiker — bereits ein Eigenthum der Wissenschaft geworden. Ganz neue Aufschlüsse über die Natur der verschiedenen Eisenarten und ihrer Verbindungen mit anderen Körpern, wird man daher in dieser Ausgabe nicht finden, wohl aber Untersuchungen, welche zu einer festeren und genaueren Begründung der Theorie des Eisens führen werden. Was schon in den Hand- und Lehrbüchern der Chemie über die Verbindungen des Eisens gelehrt wird, oder was von dem chemischen Verhalten des Eisens zu andern Körpern für den Praktiker, für welchen dies Werk zunächst bestimmt ist, nur ein entfernteres Interesse gehabt haben würde, ist nicht wieder aufgenommen worden, um die Natur und die Eigenschaften des Eisens, worüber man in jenen Schriften keinen Aufschlufs findet, desto ausführlicher abhandeln zu können. Die systematische Anordnung des ganzen Werkes ist eben so beibehalten, wie sie in der zweiten Ausgabe befolgt ward, weil ich keinen Grund hatte, davon abzugehen und weil es den Lesern nicht angenehm gewesen sein würde, eine andre als die ihnen bereits bekannte Anordnung zu finden. Dagegen sind die einzelnen Abschnitte fast gänzlich umgearbeitet, so dafs diese Ausgabe als ein neues Werk anzusehen ist, welches mit dem vorhergehenden nur hinsichtlich der Reihenfolge der abgehandelten Gegenstände übereinstimmt." —

Ueber die Vorzüge des K.schen Werkes die dem Hüttenmann bekannt sind, brauche ich kein Wort hinzuzufügen.

Den Beschlufs von K's. gröfseren Werken bildet das 1846 und 1847 in zwei Bänden erschienene Lehrbuch der Salinenkunde, ein Werk, welches in mehr als einer Beziehung bemerkenswerth ist. In einer Anzeige desselben [1]) sagt ein berühmter Gelehrter: „das vorliegende ausgezeichnete Lehrbuch der Salinenkunde ist eine überaus erfreuliche Erscheinung, die aufs Neue die seltenen Kenntnisse und die aufserordentliche Thätigkeit des hochverdienten Verfassers bewundern läfst, der bei gehäuften Berufsgeschäften und im vorgerückten Alter, Zeit und Kraft zu erringen versteht, um in sehr verschiedenen Gebieten der Technologie umfassende, klassische Werke zu liefern."

In der That ist das Lehrbuch der Salinenkunde durch seine Vollständigkeit in Berücksichtigung aller vorkommenden technischen Fragen ausgezeichnet, noch mehr aber möchte dem ersten Theile, welcher von dem Vorkommen des Kochsalzes an der Oberfläche der Erde in geognostischer Beziehung und von der Gewinnung desselben historisch, geographisch und statistisch handelt, der Preis gebühren, da die Fülle der Nachrichten, welche eine ungeheure Belesenheit voraussetzt, die Uebersichtlichkeit der Anordnung und die Klarheit der Darstellung gleich vortrefflich sind.

Es wäre schwer begreiflich wie K. ein so reiches Material in den wenigen Jahren seit der Herausgabe seiner letzten grofsen Werke hätte sammeln können, da man wohl behaupten kann, dafs die Notizen aus tausend der verschiedenartigsten Literaturquellen: Reisebeschreibungen, wissenschaftlichen, technischen Werken und Zeitschriften zusammengetragen werden mufsten. Allein der erste Stein zu diesem Werke war auch schon lange Jahre vorher gelegt und unbeirrt durch alle übrigen Geschäfte und die andern schriftstellerischen Arbeiten hatte K. den Bau weiter geführt.

Wir finden dies öfters bei K. wieder, dafs er ein Thema unablässig durch eine lange Zeitperiode hindurch verfolgt, ohne es je aus den Augen zu verlieren; das

---

[1]) Göttin. gel. Anz. 1848. St. 42 vom 13. März p. 417.

Ziel, welches er erstrebte, stand ihm klar vor Augen und darum konnte er bei der Lektüre der verschiedenartigsten Werke, und er las sehr viel, auch die ihn interessirenden Notizen gleich in die richtige Stelle bringen. Die nachgelassenen Manuskripte K's. zeigen diese Art des Arbeitens, welche seine Leistungsfähigkeit offenbar ungemein erhöhte. Man möchte glauben, dafs er schon frühzeitig den Entschlufs gefafst habe eine Eisenhüttenkunde, eine Metallurgie, eine Salinenkunde u. s. w. zu schreiben, so reichhaltig und eine lange Zeit des Sammelns voraussetzend sind seine Collektaneen. Dabei aber ist zu bewundern dafs er ohne Verwirrung die verschiedenen Zwecke neben einander verfolgen konnte, obgleich die Fäden der abzuwickelnden Geschäfte sich doch bunt genug gekreuzt haben.

Dem Fachmanne braucht der Inhalt der Salinenkunde nicht vorgeführt zu werden; der Geograph, Nationalökonom und Statistiker, welche gleichfalls einen reichen Stoff finden werden, können zur Uebersicht des Inhaltes auf die schon erwähnte Ankündigung des Werkes in den Göttingischen gelehrten Anzeigen verwiesen werden.

Die grofse Reihe technischer und metallurgischer Abhandlungen K's. enthält, zum Theil ausführlicher als die Hauptwerke, welche nur mehr die Resultate aufnehmen, mannigfaltige wichtige Untersuchungen aus den verschiedensten Gebieten. Besonders seien hier die ausgezeichneten Arbeiten: „über den Amalgamationsprocefs", „über die Verbindungen des Eisens mit der Kohle", und „über die Natur des Holzes und der Steinkohlen" namhaft gemacht.

---

Wenn auch nicht zu vergleichen mit der schriftstellerischen Thätigkeit auf praktischem Felde, so sind doch K's. rein wissenschaftliche Arbeiten ebenfalls bedeutend, sie allein hätten ihm einen geachteten Namen als Gelehrten verschaffen müssen, hätte ihn nicht die Schöpfung der wissenschaftlichen Metallurgie schon auf einen Platz unter den Ersten gestellt. Hauptsächlich sind es chemische und chemisch-physikalische Arbeiten, welche K. unternahm, theils weil er zunächst auf Fragen aus diesen Gebieten durch seine anderen Arbeiten geführt wurde, theils weil eine Vorliebe ihn bei solchen Untersuchungen fesselte, mit denen er seine Laufbahn begonnen hatte.

In allen diesen Schriften von der Revision der chemischen Affinitätslehre an, durch die zahlreichen Abhandlungen „über die chemische Verbindung der Körper" hindurch, bis zu der, sein philosophisch-naturwissenschaftliches Glaubensbekenntnifs enthaltenden „Philosophie der Chemie" findet man neben unzähligen sorgfältigen Versuchen überall das Bestreben die Grundbegriffe der Wissenschaft scharf zu definiren und die Gränzen zwischen der Erfahrungswissenschaft und der philosophischen Spekulation genau zu bestimmen. K. war Kantianer und Dynamiker. Gegen die atomistische Vorstellungsweise, sofern sie nur als Hülfsmittel der Betrachtung dienen sollte, hatte er nichts einzuwenden, wohl aber wenn die Atome als objective Realitäten und zwar so behandelt wurden, als wäre ihre Existenz auf dem Wege der Erfahrung bewiesen. In dieser Beziehung befand er sich daher mit den Lehren der neuen Chemie in Opposition und polemisirte gegen dieselben, indem er namentlich den Fehler hervorhob: dafs die Mischungsgewichte des Begründers der Stöchiometrie: Richter's, unbegründeterweise zu Atomgewichten gemacht wurden, indem er ferner zeigte, dafs die unphilosophischen Vorstellungen der neueren Chemie über das Wesen der Materie zu einem einseitigen Begriff von dem Wesen der chemischen Verbindung führten.

Gegen die zahlreichen Beobachtungen K's in dessen chemischen Abhandlungen hat sich kein Widerspruch erhoben, sie sind im Gegentheil häufig benutzt worden und

z. B. seine sorgfältigen Beobachtungen über die specifischen Gewichte (Abh. 1834) in die Lehrbücher übergegangen.

Seine theoretischen Vorstellungen fanden aber, was in diesem Falle das Schlimmere ist, keinen Widerspruch, sie wurden von den Chemikern gar nicht beachtet. Hatte K. wirklich hier so völlig fehlgegriffen? Gewifs nicht, aber er stellte sich auf einen Standpunkt, der ganz aufser dem Gesichtskreise der neueren Naturforschung lag und leider noch liegt. Nachdem die Zeit der Naturphilosophie überwunden war, in welcher Naturforschung nur durch Spekulation getrieben, die empirische Thatsache gering geachtet wurde, trat der Rückschlag ein, der hier, wie überall über sein Ziel hinausgeht, es kam die Zeit des reinen Empirismus der jede Untersuchung beargwohnt, wenn sie von philosophischen Fundamentalbestimmungen ausgeht; Naturforschung und Philosophie laufen unvermittelt jetzt neben einander. Es mufs nothwendig eine Periode kommen, wo die wissenschaftlichen Principien der Naturwissenschaften einer neuen Prüfung unterzogen werden, nachdem die Fülle der Thatsachen unendlich angewachsen ist; dann werden unsrer Meinung nach K's. chemisch-philosophische Gedanken die ihnen gebührende Berücksichtigung finden.

Beiläufig mag erwähnt sein, dafs K. ein Antheil an der Entdeckung des Cadmium (1818) gebührt, für welches er zuerst einige charakteristische Reaktionen angab [1]), bevor die genauere Untersuchung von Stromeyer gemacht worden war. Er hatte für das neue Metall den Namen Melinum vorgeschlagen (von der Farbe des gelben Niederschlages aus sauren Lösungen durch Schwefelwasserstoff hergenommen), ein Name der ebenso wie der von Staberoh und Bergmann gewählte: „Klaprothium” zweckmäfsiger gewesen wären, als die schon das Zink bedeutende griechische Bezeichnung Cadmium.

---

[1]) s. die Notizen im Archiv *A* I. a. 209 und *A* II. a. 190.

Aehnlich wie das Schicksal der chemischen war das der physikalischen Arbeiten K's. Der enge Zusammenhang zwischen den Kräften der chemischen Affinität und den elektrischen Anziehungskräften führte ihn zu Untersuchungen über den galvanischen Strom. Seine Ansicht über denselben, wie er sie in der kleinen Schrift „über Contaktelektricität" aussprach, weicht wesentlich von den herrschenden Vorstellungen ab. K. setzt die Hauptquelle der Elektricität in die Berührung des starren Leiters mit der Flüssigkeit, die Leitung geht nur in den starren Leitern vor sich, in der Flüssigkeit findet keine Leitung sondern nur Vertheilung der Elektricität statt. Seine Ansicht ist offenbar eine den Eigenschaften der Körper durchaus naturgemäfse, während die herrschende Theorie den Flüssigkeiten in der galvanischen Säule eine unnatürliche Rolle zuweist. K's. Theorie läfst sich ausserdem mit der mathematischen Theorie des Stromes in genaue Uebereinstimmung bringen [1]), so dafs ihr auch von dieser Seite kein Vorwurf gemacht werden kann. Auch für die Ideen dieser Schrift wird die Zeit der Würdigung kommen, wohl eher wie für die chemischen Schriften, weil in der Physik wegen der grofsen Zahl hypothetischer Vorstellungen in weit höherem Grade das Bedürfnifs vorhanden ist, von strengen Begriffen auszugehen und Fehler in der logischen Folgerung zu vermeiden.

---

[1]) s. G. Karsten, Lehrgang der mechanischen Naturlehre III.

Die mineralogischen, geognostischen und geologischen Abhandlungen K's. bilden endlich ebenfalls eine Reihe von Bereicherungen der Wissenschaft. Auch hier trat er öfters den herrschenden Vorstellungen entgegen, z. B. indem er in den Abhandlungen „über die gegenseitigen Beziehungen in welchen Anhydrit, Steinsalz und Dolomit in ihrem natürlichen Vorkommen zu einander stehen" und „über die Verhältnisse, unter welchen die Gypsmassen zu Lüneburg, zu Segeberg und zu Lübthen zu Tage treten", den vulkanischen Ursprung des Steinsalzes (s. auch die Salinenkunde) und gewisser Gyps- und Kalkmassen vertheidigte, und für die Unterscheidung des echten Dolomites von sekundären, chemisch ähnlichen Bildungen, neue Ansichten aufstellte.

Diese Arbeiten mufsten aber auch bei den Gegnern der Theorie Beachtung finden, weil in ihnen überall die Genauigkeit der Beobachtung, die Sorgfalt der experimentelen Untersuchung hervorleuchtet.

Die Titel dieser Abhandlungen sind aus dem Literaturanhange (Anhang 4.) zu ersehen. Aufser den schon erwähnten mögen hier noch als die bedeutenderen genannt werden: „über das Erzführende Kalksteingebirge in der Gegend von Tarnowitz" (1827), „über Bildungen und Umbildungen der Gebirge durch Contakt" (1837), „über die Steinsalzablagerung bei Stafsfurth" (1847).

## 5. Vom Austritt aus dem Staatsdienste bis zum Ende 1851 — 1853.

Es trafen mancherlei Umstände zusammen um K. zur Bitte um seinen Abschied zu veranlassen. Schon oben ist angedeutet, dafs ihm das Disciplinargesetz, so wenig er selbst darunter zu leiden haben konnte, tief geschmerzt hatte, indem es moralisch den Beamtenstand erniedrigte, eine Sitten- und Meinungs-Aufsicht mit den gefährlichsten Folgen herbeiführte und einen Druck gegen die Beamten ausübte, der namentlich in erregten Zeiten politischer oder religiöser Leidenschaft unerträglich werden konnte. Jenes Gesetz war aber nur ein Symptom des Geistes, der sich immer mehr geltend machte, und dem ein alter Beamter aus der glänzenden Zeit des Anfanges dieses Jahrhunderts sich um so weniger fügen mochte als die neuere Zeit grade das Widerspiel von den Hoffnungen brachte, welche man in diese Zeit hinein getragen, auf die man sich, wenn auch mit Ungeduld doch mit schonender Pietät vertröstet hatte.

In der Geschichte Preufsens während der letzten 15 Jahre, die jeden für Preufsens und Deutschlands Wohl Strebenden mit Betrübnifs erfüllt, findet man den Schlüssel zu K's. wiederholter Bitte um seinen Abschied.

K. war liberaler Gesinnung in alter, edler Bedeutung des Wortes, die man in der Kürze folgendermaafsen feststellen kann. Als Beamter verlangte er die gewissenhafteste Pflichterfüllung, die angestrengteste Thätigkeit und das eifrigste Bestreben nach Kräften für das Beste des Staats zu wirken. Die Strenge im Dienst hielt er aber nicht für nothwendig verbunden mit dem Auswuchse des Beamtenwesens, welcher dasselbe in Mifskredit gebracht hat, und welcher leider sehr allgemein, namentlich bei Unkundigen als das Wesen des preufsischen Beamtenthums gilt: mit dem Reglementiren und Schematisiren, welches keine freie Thätigkeit zuläfst, sondern den Mann zur Maschine herabwürdigt. Er hielt es für genug, wenn dem Beamten seine Aufgabe gestellt war; wie er sie am vollständigsten erfüllte, war dessen Sorge, wobei er sich in seinem Kreise möglichst frei bewegen sollte.

K's. Grundsätze in administrativer Hinsicht sind schon angedeutet. Hatte er bei der grofsen Stiftung des Zollvereins den Fortschritt zum freien Verkehr freudig begrüfst, so mufste der Rückschritt besonders in den ihn am nächsten berührenden Verhältnissen (z. B. der Eisenzollfrage) ihm doppelt schmerzlich sein.

Von klarem, vorurtheilsfreiem Geiste, verlangte er in religiösen Dingen die gröfste Toleranz, jedenfalls erst Sittlichkeit und dann Religion, weil jene die alleinige Basis dieser sein darf. Die neuere Zeit mit ihrer religiösen Ostentation und geringen sittlichen Kraft, kehrte dies Verhältnifs um.

In politischer Beziehung stand K. auf der Seite, die man jetzt die altpreufsische liberale Partei zu nennen pflegt. Im festen Glauben an Preufsens Beruf und Fähigkeit, die Deutschen Stämme in gemeinsamer Politik zu vereinigen, wenn die freie Entwickelung des Volkes gestattet und den feierlichen Zusagen gemäfs gefördert würde, hat er in diesem Sinne wo er konnte gewirkt. Dem einen Könige treu aus Liebe und Achtung, dem andern aus Pflichtgefühl, hat er für das Beste des Vaterlandes seine Kräfte geopfert. Er mufste wünschen einen Dienst zu verlassen als er sah, dafs seine Bestrebungen mit den Ansichten der Regierung nicht übereinstimmten. Nach 46jährigem Dienste wurde ihm sein Abschiedsgesuch unterm 23. December 1850 gewährt und er mit der reglementsmäfsigen Pension entlassen.

Die politische Gereiztheit jenes Jahres macht es erklärlich, wenn man es auch nach früheren Vorgängen nicht hätte erwarten dürfen, dafs einem Manne wie K. eine solche, nahe an Ungnade streifende Entlassung zu Theil ward. Scheint doch diese Stimmung noch Jahre lang nachgewirkt zu haben, vielleicht durch K's. Stellung in der 1. Kammer in der Legislaturperiode von 1851 noch verschärft worden zu sein; da selbst bei K's. Tode der Wittwe kein Zeichen der Theilnahme von der Regierung zuging und man sich unwillkührlich den Gegensatz der Zeiten zurückrufen, an das Jahr 1810 denken mufste, wo der König Friedrich Wilhelm III. an die Wittwe D. L. G. Karsten's in einem herzlichen Schreiben sein Bedauern ausdrückte und sich gewissermafsen den Leidtragenden zugesellte.

K. schied mit dem Abschiede aus dem Dienst nicht völlig von allen Geschäften. Der Minister für Handel, Gewerbe und öffentliche Arbeiten bewahrte sich in einem freundlichen Schreiben mit welchem er das Dimissoriale begleitete, für bestimmte Geschäfte noch K's. Hülfe: „indem ich zugleich unter voller Anerkennung der grofsen Verdienste, welche Sie um den Staat durch Ihre langjährigen Leistungen im Gebiete der Naturwissenschaften und der Technik nicht minder, als in den Ihnen anvertraut gewesenen Aemtern, sich erworben haben, mit meinem persönlichen Dank für die mir gewährte Unterstützung, noch besonders meinen lebhaften Wunsch ausspreche, dafs Sie auch ferner noch mit Ihrem Rath mich unterstützen und an den Sitzungen der V. Abtheilung meines Ministeriums Theil nehmen werden."

Die Berg- und Hüttenleute fühlten den Verlust, den sie durch K's. Abschied erlitten, tief, und schickten ihm in einer Zuschrift ein Zeichen ihrer Liebe und Dankbarkeit, welches ihn innigst rührte, und welches er als den schönsten Lohn seines Lebens, als den Beweis ansehen durfte, dafs er sich ein bleibendes, gesegnetes Andenken gegründet habe; die Zuschrift lautet:

Alle Hüttenleute des In- und Auslandes gedenken mit Achtung des Mannes, der durch Wort, Schrift und That so wesentlich dazu beigetragen, dafs das Hüttenwesen wissenschaftliche Grundlage erhalten und der Hüttenbetrieb sich so sichtlich gehoben hat.

Karsten

ist der Name des gefeierten Mannes. In der Schlesischen Königl. Hütten-Verwaltung haben Sie eine lange Reihe Ihrer rüstigsten Jahre als Vorstand derselben gewirkt. Diese Gelegenheit und Zeit ist anerkannt trefflich von Ihnen benützt worden, um die Erfahrungen zu sammeln, welche Sie in Ihren Schriften niedergelegt; zugleich ist dies aber auch die Zeit gewesen, welche das Schlesische Hüttenwesen zur Blüthe gebracht. Später waren Sie unser Vorstand im Ministerio. Wir werden uns dort Ihrer sachkundigen Vertretung nicht mehr erfreuen können, nachdem uns die Trauerkunde Ihres gänzlichen Ausscheidens geworden. Uns, den Beamten der Schles. Königl. Hütten-Verwaltung, mufs Ihr Ausscheiden aus dem Staatsdienste vor allen Andern nahe gehen, da Sie uns, wie angeführt, lange Jahre der sichere Leiter gewesen.

Unsre Achtung, unsere Liebe wird Sie auf allen Ihren Wegen begleiten.

Breslau, den 1. Januar 1851.

Es fehlte K. nach seinem Abschiede nicht an einer befriedigenden Thätigkeit. Zunächst waren viele seiner Beziehungen unverändert geblieben, z. B. die zum Verein für Beförderung des Gewerbefleifses und zur Louisenstiftung, sodann wirkte er rüstig als Schriftsteller fort, es erschienen noch zwei Bände (24. u. 25.) des Archiv's, der letzte (26.) wurde von ihm vorbereitet, in denen von ihm selbst einige schöne Untersuchungen enthalten sind, welche als die Anfänge dereinst sehr wichtiger metallurgischer Processe betrachtet werden können. Endlich begann grade jetzt eine neue Wirksamkeit für ihn, die er mit jugendlichem Geiste erfafste, und welche, wenn sie auch der Lage der Dinge zufolge keine befriedigende Resultate brachte, ihm doch insofern erfreulich war, als er die Anfänge einer werdenden besseren Zeit als thätiger Theilnehmer, nicht als blofser Zuschauer erlebte; er war in dem Jahre vor seinem Abschiede, im März 1850 von dem 2. Oppelner Wahl-Bezirk (Gleiwitz, Rybnik, Plefs, Beuthen) zum Mitglied der ersten Kammer für die folgende Legislaturperiode 1850—1851 gewählt worden.

Mit dem lebhaftesten Interesse folgte K. den traurigen Wandelungen preufsischer und deutscher Politik, so dafs man glauben möchte es hätte sich seine ganze Geistesthätigkeit jetzt hierauf concentrirt. „Es ist abermals," schreibt er am 28. März 1850, „ein Zeitpunkt der Spannung und der höchsten politischen Aufregung. Ich merke daran, dafs ich alt geworden bin, denn ich habe kaum einen andern Gedanken als den an die Entwickelung der allgemeinen Verhältnisse. So ungeschickt und unfähig zur Arbeit bin ich in meinem ganzen Leben nicht gewesen und dennoch will der Minister mir den Abschied nicht bewilligen, er sucht den Abschied beim Könige so wenig nach, dafs er mir vielmehr erklärt hat, er werde es in keinem Falle thun und ich müsse bleiben."

Die Hoffnung, dafs diejenige Partei welcher K. angehörte, in der Kammer irgend welchen Erfolg haben könne, war freilich eine sehr geringe, „die 1. Kammer ist leider nichts weiter als ein ministerielles Institut, ich bedauere fast in dieselbe gekommen zu sein," schreibt er, „doch ist es mir in der Beziehung erwünscht, weil in der bevorstehenden Legislatur auch das Berggesetz vorkommen wird." In der That war bekanntlich die Zusammensetzung der 1. Kammer der Art, dafs die liberale Fraktion nur einen kleinen Bruchtheil der Versammlung bildete, der nicht nur keine Ihrer Ansichten durchzusetzen gelang, sondern der sogar die freie Meinungsäufserung möglichst abgeschnitten wurde, wie dies in der berühmten Rede des Freiherrn von Arnim [1]) ebenso scharf wie leider richtig bezeichnet worden ist.

Haben die Männer der „Linken", d. h. fast durchgehend die ältesten, bewährtesten Beamten, die treuesten Freunde des Staates nichts anders erreicht, so doch soviel, dafs sie das heilige Feuer in trübster Zeit gehütet haben. Auch wird es nicht erst des späten Urtheils der Geschichte bedürfen um zu entscheiden, auf welcher Seite das gröfste moralische Gewicht war, wo die echte Liebe zum engeren Vaterlande und zum gemeinsamen Volksstamme, die Humanität, die Gerechtigkeit und die Aufklärung, ob auf der Seite des Freiherrn v. Arnim, v. Brünneck, Camphausen, Knoblauch, Kühne, Freiherrn v. Vinke u. s. w., oder auf der Seite der Gerlach, Manteuffel und Stahl.

Die Zeiten dieser vergeblichen Kämpfe liegen viel zu nahe, die Wunden sind noch offen, welche durch die Politik geschlagen worden, „die man sonst Landesverrath genannt haben würde," wie v. Arnim sich ausdrückt, es sei also hiermit genug um anzudeuten wohin K's. Sinn und Bestreben gerichtet war.

Oeffentlich aufgetreten ist K. in den Kammersitzungen

---

[1]) Vom 15. Februar 1851, s. stenogr. Berichte p. 373.

nur zweimal. Einmal am 6. Mai 1851 als Berichterstatter über die Bergwerkssteuer, als welcher er in ausführlichem Vortrage die gleichmäfsige Herabsetzung der Bergwerkssteuer von 10% des Brutto-Ertrages auf 5%, oder des „Zehnten" auf den „Zwanzigsten" befürwortete. Der gediegene Vortrag [1]), in welchem er consequent nach der Richtung fortschritt, die er bei Gelegenheit der Eisenzollfrage eingeschlagen hatte, endete mit der unveränderten Annahme des Gesetzes durch die Kammer.

Das zweite Mal war K. wiederum Berichterstatter über den Gesetzentwurf: „die Verhältnisse der Miteigenthümer eines Bergwerks in allen Landestheilen, mit Ausnahme der westrheinischen, betreffend [1])." Auch diese Vorlage ward unverändert angenommen.

---

Die Mufse, welche K. durch die Befreiung von Amtsgeschäften gewann, hoffte er hauptsächlich zu wissenschaftlichen Untersuchungen benutzen zu können. Er hatte sich vorgenommen auf seine theoretisch-chemischen und physikalischen Arbeiten zurückzukommen und zu dem Ende begonnen die neuere chemische und physikalische Literatur durchzunehmen. Leider war es ihm nicht vergönnt eine der begonnenen Arbeiten zum Abschlufs zu bringen. Die letzten Untersuchungen die er mitgetheilt hat, sind die in den Abhandlungen der Akademie und im Archive enthaltenen: 1) über den jetzigen Zustand der Verfahrungsmethoden zur Darstellung des Silbers aus seinen Erzen; 2) über die Entsilberung des silberhaltigen Bleies durch Zink; 3) über die Bereitung des Gufsstahls; 4) über Feuermeteore.

---

[1]) s. stenogr. Berichte der I. Kammer vom Jahre 1851 p. 1435ff.

[2]) Ebendaselbst p. 1491. Beide Gesetze sind unterm 12. Mai 1851 publicirt worden.

Die Abhandlung 3 bildet eine Fortsetzung und Resumirung seiner frühern Arbeiten über die Carburete des Eisens. Die 2. Abhandlung wird unter bestimmten in derselben näher bezeichneten Fällen zu einer praktisch vortheilhaften Anwendung in der Metallurgie führen, obwohl sich bei der Ausführung der Scheidung im Grofsen technische Schwierigkeiten fanden, die bei den Arbeiten im Laboratorio nicht vorauszusehen waren. Zu erwähnen ist hier noch, dafs K. zur Anstellung einer Versuchsreihe Veranlassung gab, welche für die Zukunft sehr bedeutende Anwendung zu erhalten verspricht. Es sind dies die Versuche, welche Herr Lange [1]) über die Goldgewinnung mittelst gasförmigen Chlors angestellt hat, und welche die günstigsten Resultate gewährten. Wenn dereinst in den reichen Goldländern die rohe Wascharbeit längst keinen Gewinn mehr bringen kann, wird durch dieses Verfahren noch eine reiche Ausbeute zu erwarten sein.

In solcher rüstigen Thätigkeit hatte K. weiter gelebt, aber schon stellten sich Vorboten ein, dafs seine Gesundheit erschüttert sei. Kleine Reisen die er mehrfach 1851 und 1852 zu seiner Erholung machte, hatten keinen günstigen Erfolg, namentlich nahm eine Erkältung auf einer Harzreise im Sommer 1852 einen hartnäckigen Charakter an, so dafs er sich nur langsam zum Herbste erholte. Er konnte deshalb einem Feste nicht beiwohnen, zu dem er dringend eingeladen war, und zu welchem ihn mehr wie ein Grund hinzog: dem 50jährigen Erinnerungsfeste an die Gründung der Königshütte und der Einweihung des Reden-Denkmals. Traurig mufste er die Einladung ablehnen. Ein anderes Jubiläum folgte diesem; es ward ihm am 12. October 1852 die Freude zu Theil, dafs die Universität Rostock ihn als Doctorjubilar durch seinen Sohn begrüfste. Anfang und Ende seiner Laufbahn sind so von

---

[1]) s. Archiv Bd. XXIV. p. 420.

den öffentlichen Akten der Universität seines Geburtslandes eingeschlossen.

Trotz der gebrochenen Gesundheit fuhr K. in seinen Arbeiten bis in die Mitte des Jahres 1853 fort; ohne Vorahnung, dafs so bald das Ziel seiner Tage kommen werde, beschäftigte er sich in der letzten Zeit mit den Vorbereitungen zum 26. Bande des Archivs und entwarf den Plan, nach welchem ein systematisches Register für das ganze Werk bearbeitet werden sollte, dessen Abschlufs und Aufhören schon beschlossen war. Dieses Eingehen des Archivs, veranlafst durch die Herausgabe der officiellen Zeitschrift für das Berg-, Hütten- und Salinenwesen im Preufsischen Staate, war keine geringe Kränkung, welche K. noch zu überwinden hatte. „Ich werde suchen müssen mir eine andere regelmäfsige litterarische Beschäftigung zu gründen, ohne die ich nicht leben kann," äufserte er zuerst, als er noch glaubte länger wirken zu können. In früheren Jahren wäre der natürliche und zweckmäfsigste Verlauf der Angelegenheit der gewesen, dafs die Regierung in ihrem Interesse die bestehende, anerkannt vortrefflich geleitete Zeitschrift durch Ueberweisung von officiellen Angaben und durch Subvention unterstützt hätte, wie dies mit so glücklichem Erfolge für die annales des mines geschehen ist und geschieht. Dafs es nicht hierzu kam mufs man jetzt als ein Glück ansehen, da nun das Archiv einen vollkommenen Abschlufs in sich erhielt, es ist aber zugleich ein Beweis, dafs K. nicht mehr die Kraft fühlte die Angelegenheit in die erwähnte Bahn zu leiten, wozu es ihm an Einflufs bei dem wohlwollenden Minister nicht gefehlt haben würde. K. trat zwar auf den Wunsch des Ministers in die zur Mitredaktion der neuen Zeitschrift eingesetzte Commission, konnte sich aber bei den Geschäften derselben nicht mehr betheiligen, da das 1. Heft der Zeitschrift erschien als K's. Krankheit schon ihren drohenden Character angenommen hatte.

K's Körper von Natur, obwohl von mittleren Verhältnissen, doch ungewöhnlich kräftig, hatte ihn die gröfsten Anstrengungen lange Zeit ohne bedenkliche Krankheiten überwinden lassen. Die unermüdliche Thätigkeit mit welcher er, nachdem die Geschäftssachen erledigt waren, noch tief in die Nacht oder vielmehr in den Morgen hinein arbeitete, die kurze Nachtruhe von wenigen Stunden die er sich gönnte, griffen doch zuletzt seinen festen Körper an. Ein Leberleiden, einige Male durch Brunnenkuren glücklich beseitigt, kehrte 1853 mit erneuter Heftigkeit wieder und führte nach langem schmerzhaftem Krankenlager zu seinem Tode am 22. August 1853.

Ueber die letzten schrecklichen Leidensmonate darf ich schweigen. Den Nahestehenden wird diese Zeit unausgesetzten Leidens, zugleich diese Zeit der sanftesten Duldung und Ergebung unauslöschlich ins Herz geschrieben sein, diese Zeit, welche tausend Mal die Frage anregte ob es eine göttliche Gerechtigkeit gebe, dafs ein so edler, sittlicher Mann solche unsägliche Schmerzen vor seiner Erlösung erdulden müsse, während manchem Verworfenen ein schneller, sanfter Tod beschieden ist. Für das religiöse Gemüth war die tröstende Antwort: es gäbe eine Vergeltung jenseits des Grabes.

---

Auch die Schilderung von K's. trefflichen Eigenschaften des Herzens und Gemüthes wird man mir erlassen, diese bedürfen im Gedächtnifs derer die mit ihm in Berührung kamen, keiner erinnernden Worte, für den ferneren Kreis würden die edlen Tugenden des Menschen neben den hohen Verdiensten des Mannes nur geringeres Interesse darbieten. Es sei mir statt dessen erlaubt mit den Worten zu schliefsen, die von Freunden K's. nach seinem Tode geschrieben wurden, und welche den Eindruck getreulich wiedergeben, den K's. Persönlichkeit schon bei flüchtiger Berührung machte.

„Von K's. Eigenschaften des Gemüthes können wir mit aller Ueberzeugung aussprechen, dafs sie den bisher gerühmten in nichts nachstehen. Denn so wie er ein Mann war raschen Geistes und des festesten Willens, so war er auch ein Mann der unabhängigsten Ueberzeugung, der nie seine Ansichten änderte, wo ihn nicht eigene Ueberzeugung und nicht reifliche Ueberlegung bestimmte. So ernst seine Gesichtszüge waren, anscheinend finster für den, der ihn zum ersten Male sah, so rasch verwandelten sich dieselben im Gespräch zum freundlichsten, wohlthuendsten Ausdruck, der sogleich zu fesseln wufste. Einfach in seiner ganzen Lebens- und Handlungsweise, gefällig und zuvorkommend in jeder Weise, Feind alles Scheins, und pünktlich im höchsten Grade, richtete K. seine Aufmerksamkeit stets nur auf das Wesen einer Sache, wenig auf die Form, doch wufste er auch diese mit feinem Takte stets im Auge zu behalten wo sie nicht zu umgehen war. Nie hörte man von ihm mifsgünstige oder hämische Urtheile über Andere; auch blieb er stets gleich und gleich zuverlässig in seinen Urtheilen, wie in seinen Handlungen, in so verschiedenen Lagen des Lebens er sich auch bewegt hatte. In seiner Familie ein musterhafter Hausvater, zählte er auch aufserhalb derselben einen aufserordentlich grofsen Kreis von Verehrern und Freunden, von welchen letztern er sich viele einen grofsen Theil seines Lebens hindurch unverändert bis zu seinem Tode zu erhalten gewufst hat." Und ein anderer von K's. langjährigen Collegen schreibt:

„In K. war gründliches und vielseitiges Wissen, ungemeine Thätigkeit und Thatkraft mit edelster Humanität dergestalt glücklich gepaart, dafs bei allen denen, welche das Glück gehabt haben ihm einigermaafsen näher zu stehen, die Wohlthätigkeit und Liebenswürdigkeit dieser Erscheinung einen unvergeſslichen Eindruck hinterlassen haben wird."

Ist hierdurch die Empfindung ausgedrückt, welche K's. Tod in weiten Kreisen erregte, so wird man den Verlust ermessen, den die Seinen erlitten. In tiefer Empfindung denkt jeder von ihnen den schlichten Worten des bekannten Volkssängers noch:

„Ach! sie haben einen guten Mann begraben,
doch mir war er mehr."

# Anhang I.

## Schriften von W. J. G. Karsten.

De notione Algebrae. Rostock, 1755 (Inaugural-Dissertation).

Elementa matheseos univ. in usum auditor. Rostock, 1756. 8.

Praelectiones matheseos theoret. elem. Rostock, 1758. 8.

Beiträge zur Aufnahme der theoretischen Mathematik. 4 St. Greifswald 1758—60. 8.

Beweis für die Wahrheit der christlichen Religion. Rostock, 1759. 8.

Mathesis theoretica elementaris atque sublimior. Rostock, 1760. 8.

Zweite Auflage deutsch: Anfangsgründe der mathematischen Analysis und höheren Geometrie. Greifswald, 1786. 8. (als 2. Abthl. des Band II. vom „Lehrbegriff").

Einleitung und Herausgabe von: L. Euler, theoria motus corporum solidorum seu rigidorum. Greifswald, 1765. 4.

Lehrbegriff der gesammten Mathematik. Greifswald, 1767—1777. 8 Vol. 8.

Zweite Auflage Vol. 1—6. Greifswald, 1782—1795. Vol. 7 herausgegeben von Mollweide. Leipzig, 1818.

Ueber die vortheilhafteste Anwendung der Feuerspritzen. Rostock, 1773. 4.

Einleitung und Herausgabe von: J. H. Lambert, Pyrometrie. Berlin, 1779. 4.

Anfangsgründe der mathematischen Wissenschaften. Greifswald, 1780. 3 Vol. 8.

Parallellinien. Greifswald, 1780. 4.

Anfangsgründe der Naturlehre. Halle, 1780. 8.

Zweite Auflage, herausgegeben von Gren. Halle, 1790. 8.

Auszug aus den Anfangsgründen und dem Lehrbegriffe der mathematischen Wissenschaften. Greifswald, 1781. 8.

Zweite Auflage. Greifswald, 1785. 2 Vol. 8.

Dritte Auflage. Greifswald, 1790. Leipzig, 1802. 2 Vol. 8.

Anleitung zur gemeinnützigen Kenntnifs der Natur, besonders für angehende Aerzte, Cameralisten und Oeconomen. Halle, 1783. 8.

Theorie der Wittwenkassen. Halle, 1784. 8.

Auszug aus dem Lehrbegriff der Mathematik. Greifswald, 2 Vol. 8. 1785 — 1790.

Kurzer Entwurf der Naturwissenschaft. Halle, 1785. 8.

Mathematische Abhandlungen. Halle, 1786. 8.

Physisch-chemische Abhandlungen. 2 Hefte. Halle, 1786. 1787. 8.

Aufserdem: verschiedene Abhandl. meist mathemat. Inhaltes in Zeitschriften.

---

# Anhang 2.

## Schriften von D. L. G. Karsten.

Herausgabe von Heft 2 der physisch-chemischen Abhandlungen von W. J. G. Karsten. Halle, 1787. 8.

Museum Leskeanum. Lipsiae, 1789. 2 Vol. 8.

Des Herren G. Leske hinterlassenes Mineralienkabinet. Leipzig, 1789. 2 Vol. 8.

Uebersetzung von: la Peirouse Abhandlung über die Eisenbergwerke und Eisenhütten in der Grafschaft Foix. Halle, 1789. 8.

Herausgabe von: J. Ph. Riefs, mineralogische und bergmännische Beobachtungen über einige hessische Gebirgsgegenden. Berlin, 1791. 8.

Tabellarische Uebersicht der mineralogisch einfachen Fossilien. Berlin, 1791. Fol.

Zweite Auflage. Berlin, 1792. Fol.

Mineralogische Tabellen. Berlin, 1800. Fol.

Zweite Auflage. Berlin, 1808. Fol.

Ueber Werner's Verbesserungen in der Mineralogie. Berlin, 1794. 8.

Herausgabe der zweiten Auflage von: Gren Grundrifs der Chemie. Halle, 1800. 2 Vol. 8.

Anmerkungen und Zusätze zu der von S. Weifs und C. J. B. Karsten besorgten Uebersetzung von Hauy's Mineralogie. Berlin, 1805 — 1810. 5 Vol.

Mineralogische Charakteristik der Fossilien in Klaproths Beiträgen zur chemischen Kenntnifs der Mineralkörper. Berlin. 6 Vol. 8. 1808 — 1815.

## Abhandlungen und Notizen in gelehrten Zeitschriften.

Ueber die beste Klassifikation und Beschreibung des Thonschiefers, des Hornschiefers und der Wacke. 1787 gekrönte Preisschrift. Magaz. f. d. Naturk. Helvetiens. Zürich, 1790. Vol. III.

Beobachtungen auf dem Basaltberge des Städtchens Amöneburg im Churmaynzischen. Köhlers bergmänn. Journ. 1788. I. 328.

Ueber das Vogelsgebirge. Ebend. II. 646.

Beschreibung einer neuen Art von Feldspath. Ebend. II. 809.

Ueber Weifsgiltigerz, Fahlerz, rothen Schörl. Ebend. 1790. I. 375.

Ueber des Grafen Dundonald Behandlung der Steinkohlen. Ebend. 515.

Ueber die alte und neue Bergwerksverfassung in Frankreich. Ebend. 1791. II. 161—224, 249—278, 409—458. 1794. II. 1—45, 97—135.

Ueber Schmaragdkrystalle. Ebend. 1792. I. 285.

Ueber den Steinkohlenbergbau in Schlesien. Ebend. 382; u. Neues Bergmännisches Journ. 1795. I. 86.

Ueber Lillalit und Lepidolit. Ebend. 1792. II. 80.

Bemerkungen über die Lehmanni'sche Theorie: den generellen Zusammenhang der Flötzkalkarten mit den Steinkohlenflötzarten betreffend. Neues bergm. J. 1795. I. 63.

Ueber den Einflufs der Chemie auf die Mineralogie. Crell's chem. Ann. 1788. III.

Ueber das natürliche Vitriol, das Haarsalz, die Bergbutter, das Steinsalz, den natürlichen Salmiak, den Tinkal und das mineralogische Laugensalz. Höpfner's Mag. f. d. Naturkunde Helvetiens. 1790. IV.

Aeufsere Beschreibung des Melanits und des Augits. Götting. J. d. Naturk. v. Gmelin. 1797.

Oryktognostische Anmerkungen über den Apatit, Prasem und Wolfram. Schriften der Ges. naturf. Freunde in Berlin. 1789. IX. 355.

Oryktognostischer Versuch zur näheren Bearbeitung der Naturgeschichte des Uraniums. Ebend. 1792. X. 170.

Bemerkungen über das Serpentinsteingebirge in Niederschlesien. Ebend. 348.

Oryktognostischer Beitrag zur Geschichte des Zinnes. Ebend. 390.

Beschreibung des Lilaliths oder amethystrothen Zeolites. Ebend. 1793. XI. 59.

Beschreibung des Lipoliths von Rotza in Mähren. Ebend. 71.

Geognostische Beobachtungen in Schlesien. Neue Schriften d. Ges. nat. Fr. 1795. I.

Ueber das Harzer Buttermilcherz (Hornerz). Ebend.

Entwickelung zweier spekulativer Fragen, die Fossilien betreffend. Ebend.

Mineralogische Beschreibung von Bennstedt, Beidersee und Morl in der Grafschaft Mansfeld. Ebend.

Rede zur 25. Jahresfeier der Gesellschaft naturforschender Freunde. Ebend. 1799. II.

Physisch-mineralogische Beschreibung des Gold- u. Silberbergwerks bei Nagyag in Siebenbürgen. Ebend.

Geognostisch-historischer Nachtrag zu der Beschreibung von Fossilien aus dem Sendomirschen. Ebend.

Mineralogische Beschaffenheit der Steinkohlenflötze am Dickeberg, Buchholz und Schafberg im Lingen'schen. Ebend.

Mineralogische Bemerkungen über arseniksaures Kupfer. Ebend. 1801. III.

Ueberflufs der Braunkohlen in der Neumark. Ebend. 1803. IV. Gilb. Ann. XVIII. 239.

UeberSteinkohlenflötze bei Hultschin in Oberschlesien. Ebend.

Ueber den Weifsstein. Ebend.

Ueber das in der Neumark aufgefundene Erdpech. Ebend.

Ueber oktaëdrisches Olivenerz. Ebend.

Karakteristik der Silbergattung Hornerz. D. Ges. nat. Fr. zu Berlin Magaz. 1807. I. 156.

Geognostische Karakteristik der Sandstein-Formationen, mit besonderer Rücksicht auf den Quadersandstein der sächsischen Schweiz. Ebend. 222.

Untersuchung des mürben Zoisits von Radelgraben in Kärnthen. Ebend. 1808. II. 187.

Untersuchung des Sphène aus dem Felberthale im Pinzgau. Ebend. 188.

Untersuchung des Eisenpecherzes von der Christbescheerung unweit Freiberg. Ebend. 191.

Mineralogisch-chemische Untersuchung des Elaeoliths. Ebend. 1809. III. 43.

Ueber den Marmor von Priborn in Schlesien. Ebend. 79.

Ueber die seltene Versteinerung cornu copiae Thompson und den Kalkstein in welchem sie am Vorgebirge Passaro in Sicilien bricht. Ebend. 95.

Eine neue Fossiliengattung aus dem Norden (Lythrodes). Ebend. 1810. IV. 78.

Ueber die Agusterde (Agustit) Gehlens. Neues Journ. d. Ch. 1803. I. 281.

Untersuchung eines neuen Bleyerzes. Ebend. 1804. III. 60.

Untersuchung des Ichtyophtalm. Ebend. 1805. V. 35.

Aeufsere Kennzeichen des Antophyllits. Gehlens J. f. d. Ch. u. Ph. 1806. II. 496.

Ueber den St. Andreasberger Pharmakolith. Ebend. 1807. III. 540.

Untersuchung des Wernerits. Ebend. IV. 183. 187. 190; des Kannelsteins IV. 381; des Zirkons aus den nördlichen Circars IV. 386.

Traubenerz eine eigenthümliche Gattung von Bleierz. Ebend. IV. 394.

Ueber die Breccia verde d'Egitto der Italiener. Ebend IV. 400.

Untersuchung des erdigen Talks. Ebend. 1808. V. 222; des Nadelerzes aus Sibirien V. 227.

Profil des Alpengebirges zwischen Wien und Triest und von Triest bis Salzburg. Gilb. Ann. 1805. XX. 193. 256.

Ueber de Chenevix Ausfälle gegen ihn. Ebend. XX. 497.

Ueber filtres inaltérables. Ebend. 1805. XXI. 483.

Ueber das Alter der Metalle. Ebend. 1806. XXIII. 33.

s. a. in Moll's Jahrbüchern der Berg- und Hüttenkunde.

---

# Anhang 3.

## Schriften von F. C. L. Karsten.

Die Rechenkunst. 1775. 8.

Dasselbe Werk. 2. Auflage. 1786. 8.

Dasselbe Werk. 3. Auflage. Aufs Neue bearbeitet von Jacob Ch. G. Karsten. 1805. 8.

Bearbeitung von Raynal Europens Handel mit beiden Indien. Rostock, 1780. 8.

Bearbeitung von Nugent's Reisen durch Deutschland besonders durch Mecklenburg. 2 Vol. 8. 1781.

Dasselbe Werk. 2. Auflage. Berlin, 1797.

Ueber das theoretische Studium der Oekonomie. Rostock, 1798.

Sind ökonomische Institute Akademien nützlich? Rostock, 1795. 4.

Die ersten Gründe der Landwirthschaft, sofern sie in Deutschland anwendbar sind. Leipzig, 1795. 8.

Dasselbe Werk. 2. Auflage. 1805.

Die Peſslersche Dreschmaschine nach Theorie und Erfahrung beurtheilt. Celle, 1799. 8.

Wie sichern wir uns gegen die wiederkehrende Rindviehpest? Rostock, 1814. 8.

Prüfung der gegen die Rinderpest bisher empfohlenen und in Anwendung gebrachten Schutzmittel. Göttingen, 1815. 8.

Annalen der Mecklenburgischen Landwirthschaft.

Neue Annalen der mecklenburgischen Landwirthschaft. Rostock, Jahrgang 1—16 für die Jahre 1813—1829 à 2 Vol.
(fortgesetzt von Flörke, Jahrg. 17—25. 1830—41,
fortgesetzt seit 1843 von Heinr. L. J. Karsten).

Ueber andere Beiträge für Zeitschriften s. den neuen Nekrolog der Deutschen für 1829. S. 210. 11.

---

# Anhang 4.

## Schriften von C. J. B. Karsten.

Vollständiges Register über Gren's neues Journal der Physik. Leipzig, 1808. 8.

De affinitate chemica. Rostock, 1802 (Inaugural-Dissertation).

Uebersetzung von Baume's Versuch eines chemischen Systems unserer Kenntnisse von den Bestandtheilen des menschlichen Körpers. Berlin, 1802. 8.

Redaktion von Scherer's allgemeinem Journal für Chemie von Bd. VII—X. Berlin, 1801—1803.

Einige Bemerkungen über die Gewinnung des Eisens im Grofsen aus seinen Erzen, besonders in chemischer Rücksicht. Berlin, 1803. 8.

Uebersetzung von Hauy's Mineralogie, zusammen mit S. Weifs unter Leitung von D. L. G. Karsten Bd. I. u. II. (Bd. III. IV. und V. von S. Weifs mit Anmerkungen von diesem und D. L. G. K.). Berlin, 1805—1810.

Revision der chemischen Affinitätslehre mit beständiger Rücksicht auf Berthollets neue Theorie. Leipzig, 1803. 8.

Deutsche Bearbeitung von Rinman's Geschichte des Eisens. Liegnitz, 1814, 1815. 2 Vol. 8.

Handbuch der Eisenhüttenkunde. Halle, 1816. 2 Vol. 8; ins Französische übersetzt von Culman. Metz, 1806.

Ueber den Werth des Bergbaues und über die Pflicht des Staates ihn aufrecht zu erhalten. Breslau. 8, (ohne Jahr, 1816).

Grundrifs der Metallurgie und der metallurgischen Hüttenkunde. Breslau, 1818. 8.

Archiv für Bergbau und Hüttenwesen. Breslau und Berlin. 20 Vol. 8. 1818—1829.

Archiv für Mineralogie, Geognosie, Bergbau und Hüttenkunde (von Bd. XI an mit v. Dechen). Berlin, 1829—1854. 26 Vol. 8.

Metallurgische Reise durch einen Theil von Baiern und durch die süddeutschen Provinzen Oesterreichs. Halle, 1821. 8.

Handbuch der Eisenhüttenkunde. Zweite Auflage. Berlin, 1827. 4 Vol. 8. Ins Französische übersetzt von Culman. 3 Vol. 8. Metz, 1830.

Grundrifs der deutschen Bergrechtslehre mit Rücksicht auf die französische Bergwerks-Gesetzgebung. Berlin, 1828.

System der Metallurgie, geschichtlich, statistisch, theoretisch und technisch. Berlin, 1831. 5 Vol. 8.; und Atlas von 51 Kupfertafeln. Fol.

Ueber Contakt-Elektricität. Schreiben an Herrn A. v. Humboldt. Berlin, 1836. 8.

Handbuch der Eisenhüttenkunde. Dritte Aufl. Berlin, 1841. 5 Vol. 8.; und Atlas von 63 Kupfertafeln. Fol.

Philosophie der Chemie. Berlin, 1843. 8.

Ueber den Ursprung des Bergregals in Deutschland. Berlin, 1844. 8. Im Auszuge in den Monatsber. d. Berl. Akadem. 1844. S. 137. 142.

Lehrbuch der Salinenkunde. Berlin, 1846. 47. 2 Vol. 8.

## Abhandlun en und Notizen in gelehrten Zeitschriften

Ueber die Darstellung der Korksäure aus dem Korke. Scherer's J. V. 344. (1800.)

Ueber das Verhalten des vollkommenen Bleioxydes zu den Alkalien und zu einigen Salzen. Ebend. p. 575.

Versuch zur Bestimmung einer neuen chemischen Nomenclatur. Ebend. p. 675.

Darstellung eines reinen Kobalts und eines Wasserkobalts. Ebend. VII. 236. (1801.)

Bemerkungen über die verschiedenen Zustände des Kohlenstoffs in seinen Verbindungen mit Sauerstoff; über Korksäure und Gallussäure. Ebend. p. 427.

Resultate der bisher über den Gerbestoff angestellten Untersuchungen. Ebend. p. 472.

Ueber Benzöesäure im Pferdeharn. Ebend. p. 588.

Ueber die Unauflöslichkeit des Gerbestoffs in Alkohol. Ebend. p. 599.

Ueber den Unterschied der Alkalien und der alkalischen Erden. Ebend. p. 615.

Ueber die Mischung des Natron. Ebend. p. 640.

Resultate der neusten Untersuchungen über die Sonnenstrahlen. Ebend. p. 663.

Einige Bemerkungen über den Unterschied der Essigsäure von der essigten Säure. Ebend. VIII. 142. (1802.)

Bemerkungen über Berthollet's chemische Affinitätslehre. Ebend. X. 135. (1803.)

Ueber die Gewinnung des Eisens im Grofsen aus seinen Erzen, besonders in chemischer Rücksicht. Ebend. p. 239.

---

Ueber die verschiedenen Zustände des Eisens und eine neue Theorie derselben. Gilbert's Ann. LII. 428.

---

Ueber das Verhalten der Kieselerde zu Säuren. Poggend. Ann. VI. 351.

---

Ueber die Verbindungen des Eisens mit der Kohle. Schweigger's J. LXVI. 51. 166. (Auszug aus der Metallurgie IV. 36—81.)

---

Untersuchung der Frage: ist es in hüttenmännischer Rücksicht vortheilhaft, den bei Dömitz vorkommenden Rasen-Eisenstein zu verschmelzen und auf Gufswaaren etc. zu benutzen? 1806.

---

Ueber die Verbindung des Eisens mit Kohle. Abhandlungen der K. Akad. d. Wissensch. zu Berlin 1822. 23; Schweigg. J. XLIII. 355 (im Auszuge); Archiv *A* VIII. 3.

Ueber die chemische Verbindung der Körper. 1. Abhandl. Abh. d. K. Akad. d. Wissensch. zu Berlin 1824; Schweigg. J. LXV. 387 (im Auszuge).

Ueber den Saigerhüttenprocefs. Abh. d. K. A. d. W. zu Berlin 1824; Archiv *A* IX. 3.

Ueber das Roheisen. Abh. d. K. d. W. zu Berlin 1825.

Ueber die Veränderungen, welche die Festigkeit des Eisens durch geringe Beimischungen erleidet. Ebend. 1826.

Ueber das Erz führende Kalksteingebirge in der Gegend von Tarnowitz; mit 1 Karte und 2 Kupfern. Ebend. 1827.

Der Amalgamationsprocess.* Ebend. 1828; Archiv. I. 161.

Ueber die verschiedenen Zustände des hammergaaren Kupfers. Ebend. 1830; Schweigg. J. LXVI. 255. 386.

Ueber die chemische Verbindung der Körper. 2. Abhandl. Ebend. 1831; Schweigg. J. LXV. 394.

Ueber die chemische Verbindung der Körper. 3. Abhandl. Ebend. 1832.

Ueber die chemische Verbindung der Körper. 4. Abhandl.

Die chemische Wahlverwandtschaft. Ebend. 1834.

Die elektrische Polarisirung des Flüssigen, als das Wesen aller galvanischen Thätigkeit der Ketten aus starren und aus flüssigen Leitern. Ebend. 1838; Monatsber. 1838 S. 153 (im Auszuge); Poggend. Ann. XLV. 438.

Ueber die chemische Verbindung der Körper. 5. Abhandl. Ebend. 1839 S. 220 (im Auszuge).

Ueber die chemische Verbindung der Körper. 6. Abhandl.; üb. das merkwürdige Verhalten, welches die Salze bei ihrer gemeinschaftlichen Auflösung in Wasser befolgen. Ebend. 1840; Monatsber. 1840 S. 226. 242 (im Auszuge).

Ueber die chemische Verbindung der Körper. 7. Abhandl.; üb. die Intensität der chemischen Verbindungen. Ebend. 1841; Monatsb. 1841 S. 411 (im Auszuge).

Ueber die chemische Wahlverwandtschaft. Ebend. 1843; Monatsb. 1843 S. 29 (im Auszuge).

Ueber die Carburete des Eisens. Ebend. 1846; Monatsber. 1846 S. 315 (im Auszuge); Archiv XXI. 500.

Ueber die Verhältnisse unter welchen die Gipsmassen zu Lüneburg, zu Segeberg und zu Lübtheen zu Tage treten. Ebend. 1848; Monatsber. 1848 S. 130 (im Auszuge); Archiv XXII. 576.

Ueber den jetzigen Zustand der Verfahrungsmethoden zur Ausbringung des Silbers aus seinen Erzen. Ebend. 1851 S. 655 (im Auszuge); Archiv XXV. 174.

Ueber Feuermeteore und über einen sehr merkwürdigen Meteormassen-Fall, der sich früher bei Thorn ereignet hat. Ebend. 1853; Monatsber. 1853; Archiv XXVI. 295.

---

Ueber die Wirkungsart der einfachen galvanischen Kette. Monatsb. d. Berl. Akad. 1836 S. 9.

Ueber die Königsborner Soolquellen. Ebend. 1845 S. 202. (Titel.)

Zusammensetzung eines in einem Dampfkessel gebildeten Niederschlages. Ebend. (Titel.)

Zusammensetzung des Martinsit's. Ebend. S. 245.

---

Ueber den Zweck des Bergbaus und über Bergwerksverfassung und Verwaltung. Archiv *A* I. a. 16 (1818).

Von den Vortheilen, welche die Treibarbeit auf Mergelheerden gewährt. Ebend. 135.

Davy'sche Sicherheitslampe bei schlagenden Wettern. Ebend. 165.

Melinum, ein neues Metall (Cadmium). Ebend. 209.

Verkohlung des Holzes in Oefen. Ebend. 203.

Uebersicht des jetzigen Zustandes des Bergbaues und Hüttenwesens in Schlesien. Ebend. *A* I. b. 3.

Ueber das Verfahren, die Steinkohlen in Oefen zu verkoaken und den Theer dabei zu gewinnen. Ebend. 81.

Ueber die Natur des Holzes und der Steinkohlen, besonders in Rücksicht ihres darstellbaren Kupfergehalts. Ebend. 101.

Uebersicht der in den neusten Zeiten entdeckten einfachen Mineralsubstanzen. Ebend. *A* II. a. 180 (1820).

Ueber die Frage ob die Muthung das Recht zur Belehnung nach sich ziehe. Ebend. *A* III. 28.

Silicium ist kein nothwendiger Bestandtheil des Stahls. Ebend. *A* V. 169 (1822).

Ueber die Luftmenge, welche bei einem vollen Zuge durch den Flammofen strömt. Ebend. 352.

Verzeichnifs der in den 5 Jahren von 1816—1820 erschienenen auf die Bergwerkskunde Bezug habenden Schriften. Ebend. 355.

Beitrag zur Bleihüttenkunde. Ebend. *A* VI. 92 (1823).

Ueber das Zugutemachen des Bleiglanzes in Schachtöfen mit Eisenzuschlag auf der Friedrichshütte bei Tarnowitz. Ebend. 170.

Ueber die in Deutschland und in der Schweiz üblichen Methoden, den Bleiglanz in Flammöfen zu gute zu machen. Ebend. 197.

Beitrag zur Kupferhüttenkunde. Ebend. 294.

Versuche über die Zugutemachung sehr armer Kupfererze. Ebend. 340.

Ueber die Zugutemachung der Zinnerze im Sächsischen Erzgebirge. Ebend. 358. 369.

Ueber die Scheidung des Silbers vom Kupfer aus dem kupferhaltigen Silber. Ebend. 371.

Analyse der Oberschlesischen Galmeiarten. Ebend. *A* VII. 45.

Ueber die Verbindung des Schwefels mit andern Körpern. Ebend. 198.

Konstruktion der Schwedischen Schlackenöfen. Ebend. 276.

Bemerkungen über den Betrieb der Stücköfen im Hennebergischen. Ebend. *A* VIII. 239 (1824).

Ueber Bereitung und Behandlung des Gufsstahls. Ebend. *A* IX. 397 (1825).

Ueber den Dammaststahl. Ebend. 401.

Bestimmung der Windmenge, welche die Gebläse liefern können und über deren Effekt. Ebend. 451.

Ueber das regulinische Titanium in den Hohenofenschlacken und über eine eigenthümliche Verbindung von Eisen und Mangan mit Schwefel. Ebend. 524; Pogg. Ann. III. 175.

Versuche über die Festigkeit der Metalle, besonders des Eisens. Ebend. *A* X. 3 (1826).

Verzeichnifs der in den 5 Jahren von 1821 bis Ende 1825 erschienenen auf die Bergwerkskunde Bezug habenden Schriften. Ebend. 307.

Ueber die neue Holzverkohlungsmethode des Herrn Ober-Direktor Schwarz zu Stockholm. Ebend. *A* XI. 135.

Untersuchungen über die kohligen Substanzen des Mineralreichs überhaupt, und über die Zusammensetzung der in der preufsischen Monarchie vorkommenden Steinkohlen insbesondere. Ebend. *A* XII. 3.

Ueber den Kieselerdegehalt der Mineralquellen, besonders der heissen Quellen. Ebend. 468.

Ueber den Einflufs der Temperatur auf die Beschaffenheit des Produktes, welches beim Verschmelzen der Eisenerze im Hohenofen erhalten wird. Ebend. *A* XIII. 211.

Ueber die Zusammensetzung des Glühspans. Ebend. 365.

Uebersicht der Steinkohlengewinnung in der preufs. Monarchie bis zu Ende des Jahres 1824. Ebend. *A* XIV. 113 (1827).

Uebersicht der Berg- und Hüttenmännischen Produktion in der preufs. Monarchie in den Jahren 1823 und 24. Ebend. 123.

Ueber die Erzeugung und Verarbeitung des Roheisens aus Wiesenerzen. Ebend. *A* XV. 3.

Chemische Untersuchung des Grün-Eisensteins. Ebend. 242.

Analyse eines arseniksauren Bleierzes. Ebend. 253.

Chemische Untersuchung verschiedener Magneteisensteine. Ebend. *A* XVI. 17.

Untersuchung der Grün-Eisenerde von Schneeberg. Ebend. 23.

Chemische Untersuchung des Vignit oder des Blaumagneterzes von Vignes. Ebend. 30.

Analyse eines grünen Linsenerzes aus Baiern. Ebend. 40.

Resultate der chemischen Untersuchung des Bitterspathes, des Magnesites, des Schieferspathes, des Braunspathes und einer grofsen Menge von Dolomiten. Ebend. *A* XVII. 57 (1828).

Ueber das Vorkommen des tellurischen Gediegen-Eisens. Ebend. 242.

Uebersicht der berg- und hüttenmännischen Produktion in der preufs. Monarchie. Ebend. I. 200 (1829). II. 159 (1830). IV. 284 (1831). V. 314 (1832). VII. 201 (1834). VIII. 249 (1835). IX. 623 (1836).

Ueber die Veränderungen des Zustandes der Mischung durch die Temperatur-Verschiedenheiten. Ebend. II. 179.

Ueber Atomengewicht und isomorphe Bildungen erläutert durch die Zusammensetzung der Silicate im Allgemeinen und der Granate und Vesuviane insbesondere. Ebend. IV. 362 (1831); Schweigg. J. LXV. 320.

Ueber die Achener Eisenmasse. Ebend. V. 297 (1832).

Ueber die Abtreibarbeit mit eisernen Vorrichtungen auf der Grundstrecke der Alaunerzgrube zu Freienwalde. Ebend. IX. 488 (1836).

Ueber Bildungen und Umbildungen der Gebirge durch Contakt. Ebend. X. 495 (1837).

Ueber Steinkohlen, Braunkohlen und Torf hinsichtlich ihrer chemischen Zusammensetzung. Ebend. XI. 379 (1838).

Ueber Metalllegirungen, besonders über die Legirung aus Kupfer u. Zink. Ebend. XII. 385 (1839); Monatsb. d. Berl. A. 1838 S. 140 (im Auszuge); Pogg. Ann. XLVI. 160.

Ueber die Anwendung des rohen und des halb verkohlten Holzes beim Betriebe der Hohöfen zum Eisenschmelzen. Ebend. 408.

Ueber die Anwendung der rohen Steinkohle beim Betriebe der Hohöfen zum Eisenschmelzen. Ebend. 496.

Ueber die Reduktion der Eisenerze in den Schachtöfen bei heifsem und kaltem Winde und bei rohem und verkohltem Brennmaterial. Ebend. 520.

Ueber die Anwendung eines Gemenges von Koaks und Holzkohlen beim Betriebe der Hohöfen. Ebend. 551.

Ueber die Beimischungen, welche die Festigkeit des Zinks vermindern. Ebend. XVI. 597 (1842).

Ueber die Anwendung der Zinkblechstreifen als Schutzmittel gegen die eisernen Dampfmaschinen-Kessel. Ebend. XVII. 804 (1843).

Versuche über die Ausdauer der Platten von Kupfer, Zink und Blei, welche der Einwirkung der Atmosphäre ausgesetzt werden. Ebend. 810.

Uebersicht der K. K. Oesterreichischen Berg-, Hütten- und Salinen-Verwaltungs-Behörden. Ebend. 813.

Ueber die Steinsalzablagerung bei Stafsfurth und über Vorkommen des Boracits als Gebirgsart im dortigen Steinsalzgebirge. Ebend. XXI. 487 (1847); Monatsber. d. Berl. Akad. 1847 S. 14 (im Auszuge).

Ueber die gegenseitigen Beziehungen, in welchen Anhydrit, Steinsalz und Dolomit in ihrem natürlichen Vorkommen zu einander stehen. Ebend. XXII. 545 (1848); Monatsb. d. Berl. Akad. 1848 S. 129 (im Auszuge).

Ueber die Fortschritte der Eisenproduktion im Preufsischen Staate in dem zehnjährigen Zeitraum von 1837—46. Ebend. 713.

Zur Lehre von den Erzlagerstätten. Ebend. 740.

Ueber die Besteuerung der Bergwerke im Preufsischen Staat. Ebend. XXIV. 505 (1851).

Die Entsilberung des silberhaltigen Bleies durch Zink. Ebend. XXV. 192 (1853).

Ueber die Bereitung des Gufsstahles. Ebend. 218.

# Anhang 5.

Aus Ihrem, unterm 19. d. M. mir überreichten Aufsatze, über den Unterschied des Roh-Stab-Eisens und Stahls, und über die Erzeugung des ersteren in den hohen Oefen, habe ich mit Vergnügen ersehen, dafs Sie Ihren Aufenthalt auf den Neumärkischen Eisen-Werken wohl benutzt, und auf eine lobenswerthe Art sich bemüht haben praktische Kenntnisse sich zu erwerben. Indem ich Sie ermuntere, hierin eifrigst fortzufahren, will ich Ihre Bitte, nach den Schlesischen Eisen-Hütten-Werken sich begeben zu dürfen, um den dortigen Betrieb und Haushalt genau zu studiren, sehr gern gewähren; wegen Ihrer Admission habe ich bereits das Nöthige an das Schlesische Ober-Berg-Amt erlassen. Auch lege ich für Sie einen Reise-Pafs, und eine offene Ordre an sämmtliche Schlesische Hütten-Aemter hierbei, nach dessen Vorzeigung Ihnen der Zutritt zu allen metallurgischen Arbeiten und zu den Registraturen nicht verweigert werden wird.

Um Ihnen einen thätigen Beweis meiner Zufriedenheit mit der überreichten Ausarbeitung zu geben, und zugleich Ihre Reise nach Schlesien zu erleichtern, habe ich der hiesigen Haupt-Eisen-Casse die Ordre ertheilt, Ihnen eine Summe von Sechzig Thalern auszuzahlen. Auch will ich Ihnen die Reise-Kosten von hier nach den Schlesischen Eisen-Hütten-Werken vergütigen lassen, und erwarte deshalb zu seiner Zeit die Einreichung Ihrer Liquidation; so wie auch dann und wann fernere Ausarbeitungen über die von Ihnen beobachteten Gegenstände, wobei es mir lieb sein würde, wenn Sie auch bei diesen von dem Gesichtspunkte, welchen Sie in dem mir überreichten Aufsatze gewählt haben, ausgingen, und diesen letzteren vollständiger zu machen suchten.

Bis zur Zeit Ihrer Abreise nach Schlesien halte ich es für das Zweckmäfsigste, wenn Sie sich inzwischen mit dem Geschäfts-Gange beim Bergwerks- und Hütten-Departement, und bei der hiesigen Bergwerks- und Hütten-Administration bekannt zu machen suchen. Ich erlaube Ihnen daher bei den Montags-Conferenzen des Bergwerks-Departements gegenwärtig zu sein; wegen Ihrer Admission zu den Vorträgen der etc. Administration ist das Nöthige an diese verfügt worden. In Hinsicht Ihrer näheren Anweisung dürfen Sie sich nur bei dem Direktor derselben, Herrn Geheimen Ober-Bergrath Wehling, melden.

Berlin, den 22. Februar 1803.

Reden.

An
Herrn Carl Johann Bernhard Karsten hierselbst, dessen Bereisung d. Schlesischen Eisenwerke betreffend.

Seine Königliche Majestät von Preufsen, Unser Allergnädigster Herr, befehlen Dero unten verzeichneten Hüttenämtern, Vorzeiger dieses, den Carl Johann Bernhard Karsten, zu sämmtlichen in der Hütte oder sonst vorkommenden praktischen Arbeiten, imgleichen zu den Feder-Arbeiten, beim Rechnungs- und Haushalts-Wesen und zur Registratur, ungehindert zu admittiren, und demselben zu Erreichung seines Endzwecks, genauere Bekanntschaft mit dem Betriebe und Haushalte Unserer Eisenhüttenwerke, möglichst behülflich und beförderlich zu sein.

Signatum Berlin, den 22. Februar 1803.

Auf Seiner Königlichen Majestät allergnädigsten Special-Befehl
Reden.

Offene Ordre
an die Hütten-Aemter zu Malapane, Creutzburg, Gleiwitz, Panky und der Königshütte wegen Admission des Carl Johann Bernhard Karsten.

# Anhang 6.

Seine Königliche Majestät von Preufsen etc., Unser Allergnädigster Herr, haben in Betracht der guten metallurgischen Kenntnisse des Doctoris philosophiae Karsten und wegen des Vertrauens welches Höchstdieselben hegen, dafs er nützliche Anwendung davon zum Besten des Berg- und Hüttenwesens machen werde, allergnädigst resolviret, denselben wie hierdurch geschieht, zum Referendarius bei Dero Schlesischem Ober-Berg-Amte zu Breslau zu ernennen und in dieser Qualität anzustellen.

Der Referendarius Karsten hat sich daher bei dem vorsitzenden Mitgliede des genannten Ober-Berg-Amts Ober-Amts-Regierungs-Rath Steinbeck zur Verpflichtung zu melden, alle ihm zum eigenen Vortrage oder zur Expedition zufallenden Dienstsachen, mit Pünktlichkeit und pflichtmäfsiger Berufstreue zu bearbeiten, sich auch übrigens den Aufträgen des Ober-Berg-Amtes und der obersten Behörde, in Berg- und Hüttensachen, willig zu unterziehen und dadurch künftig einer weiteren Beförderung würdig zu machen.

Signatum Berlin, den 26. December 1804.

A. Sp. B.

gez. Gr. v. Reden.

An
den Schlesischen Ober-Berg-
Amts-Referendarius Doctor
philosophiae Karsten
zu
Breslau
seine Anstellung betreffend.

# Anhang 7.

| Jahr | Zink: auf Lidognia-hütte Ctr. | Zink: im Oberschles. Hauptberg-Bez. Ctr. | Zink: Geldwerth Thlr. | Zink: Arbeiterz. | Zink: deren Familien-glieder | Galmei: im Oberschles. Hauptberg-Bez. Ctr. | Galmei: Geldwerth Thlr. | Galmei: Arbeiterz. | Galmei: deren Familien-glieder |
|---|---|---|---|---|---|---|---|---|---|
| 1809 | 2141¾ | | | | | | | | |
| 1810 | 2446½ | | | | | | | | |
| 1811 | 3052½ | | | | | | | | |
| 1812 | 3691½ | | | | | | | | |
| 1813 | 3327 | | | | | | | | |
| 1814 | 2966½ | — | — | — | — | 48000 | | | |
| 1815 | 7098 | | | | | | | | |
| 1816 | 7316 | 20447¼ | 126898 | 226 | — | 64610 | 25694 | 120 | |
| 1817 | 8172 | | | | | | | | |
| 1818 | — | — | — | — | — | 100000 | | | |
| 1819 | | | | | | | | | |
| 1820 | | | | | | | | | |
| 1821 | | | | | | | | | |
| 1822 | | | | | | | | | |
| 1823 | — | 147799 | | | | | | | |
| 1824 | — | 207557½ | — | — | — | 660000 | | | |
| 1825 | — | 243339 | | | | | | | |
| 1826 | — | 193245½ | | | | | | | |
| 1827 | — | 220425 | | | | | | | |
| 1828 | — | 182004¾ | | | | | | | |
| 1829 | — | 131137½ | | | | | | | |
| 1830 | — | 90983 | | | | | | | |

| Jahr | Zink: auf Lidognia-hütte Ctr. | Zink: im Oberschles. Hauptberg-Bez. Ctr. | Zink: Geldwerth Thlr. | Zink: Arbeiterz. | Zink: deren Familien-glieder | Galmei: im Oberschles. Hauptberg-Bez. Ctr. | Galmei: Geldwerth Thlr. | Galmei: Arbeiterz. | Galmei: deren Familien-glieder |
|---|---|---|---|---|---|---|---|---|---|
| 1831 | — | 109808½ | | | | | | | |
| 1832 | — | 111864½ | | | | | | | |
| 1833 | — | 134473¼ | | | | | | | |
| 1834 | — | 136925½ | | | | | | | |
| 1835 | — | 182689¼ | | | | | | | |
| 1836 | 22157 [1]) | 212912 | — | — | — | 1083265 | 505650 | 1406 | 2309 |
| 1837 | 24978 [1]) | 216275 [1]) | 812938 | 1091 | 2819 | 951994 | 365655 | 1730 | 2999 |
| 1838 | 30239 [1] | 216533 [1]) | 880284 | 1044 | 1766 | 1039885½ | 462885 | 1677 | 2915 |
| 1839 | 28069 [1]) | 220922 [1]) | 1114811 | 1229 | 3333 | 1054787 | 519402 | 1979 | 3219 |
| 1840 | 31013½ [1]) | 215209½ [1]) | 1264445 | 1394 | 3257 | 951148½ | 569491 | 1817 | 2854 |
| 1841 | 20095 [1]) | 202939 [1]) | 1623630 | 1588 | 3235 | 1162894 | 222725 | 2248 | 3692 |
| 1842 | 26005 [1]) | 264636 [1]) | 1941868 | 1960 | 4059 | 1453401 | 308496 | 3138 | 4568 |
| 1843 | 20711 [1]) | 328968 [1]) | 2079611 | 2215 | 4712 | 1665876 | 233297 | 3297 | 4887 |
| 1844 | 26998 [1]) | 374058 [1]) | 2253380 | 2442 | 5401 | 1916793 | 318963 | 3320 | 5000 |
| 1845 | 30017 [1]) | 390354 [1]) | 2451384 | 2468 | 5210 | 2193428 | 373314 | 3850 | 5386 |
| 1846 | 29411 [1]) | 395591 [1]) | 2085749 | 2438 | 5195 | 2320789 | 792262 | 3970 | 5523 |
| 1847 | 26312 [1]) | 420612 [1]) | 2199595 | 2601 | 6284 | 2243020 | 772804 | 4280 | 6047 |
| 1848 | 20487 [1]) | 376881 [1]) | 1371489 | 2007 | 4575 [2]) | 2189069 | 288163 | 2957 | 4719 |
| 1849 | 22273 [1]) | 472104 [1]) | 1926682 | 2452 [2]) | 4588 [2]) | 2322943 | 554959 | 3011 | 4607 |
| 1850 | 24604 [1]) | 518429 [1]) | 2228703 | 2543 [2]) | 4810 [2]) | 2739277 | 862792 | 3552 | 5708 |
| 1851 | 26296 [1]) | 546540 [1]) | 2246783 | 2767 [2]) | 4527 [2]) | 2819237 | 644243 | 4208 | 6376 |
| 1852 | 77748 [1]) | 664036 [1]) | 3129258 | 2862 [2]) | 5124 [2]) | 3377998 | 943041 | 3992 | 6279 |

[1]) Barren oder Plattenzink und Zinkblech.

[2]) Hierzu kommen noch die Arbeiter auf den landesherrlichen Werken.

# Anhang 8.

Bei Gelegenheit eines an des Herrn Staats-Kanzlers Excellenz erstatteten Berichts über den Zustand der Bergwerks- und Hütten-Etablissements in den beiden Berg-Districten, hat der unterzeichnete Berg-Hauptmann Veranlassung genommen, detaillirt auseinander zu setzen, was in dem gegenwärtigen Kriege bei Anfertigung des Geschützes und der Munition in jedem Berg-District besonders geleistet worden ist. Des Königs Maj. Allerhöchste Person haben hierauf durch eine Allergnädigste Cabinets-Ordre vom 7. d. M. geäufsert, wie es von Ihnen gern bemerkt worden, dafs die Bergwerks-Partie hierin vorzüglichen Nutzen geleistet, und mich beauftraget, dem Königl. Schlesischen Bergwerks-Personale Allerhöchst Dero Beifall zu erkennen zu geben.

Zugleich haben Allerhöchst Dieselben wohl bemerkt, dafs des Herrn Staats-Kanzlers Excellenz Veranlassung nehmen werden, die von mir in jenem Bericht, als mit der Geschütz- und Munitions-Fabrication speciell beauftragt gewesenen, nahmhaft gemachten Personen, den Herren

Ober-Hütten-Verwalter Karsten,
Ober-Hütten-Inspector Brenstedt,
Hütten-Inspector Schulze,
Hüttenmeister Benninghauss,

bei vorkommender Gelegenheit möglichst zu berücksichtigen.

Mit wahrem Vergnügen erfülle ich den Allerhöchsten Befehl, und indem ich solchen dem Königl. Ober-Berg-Amte hierdurch bekannt mache, fordere ich dasselbe auf, die genannten Individuen von der Allergnädigsten Zufriedenheit Sr. Majestät des Königs zu benachrichtigen.

Berlin, den 20. December 1813.

Gerhard.

An
das Königl. Schlesische Ober-
Berg-Amt zu Breslau.

# Anhang 9.

## Gutachten über die vom 18. April bis 2. Mai 1842 stattgehabten Verhandlungen den Schutzzoll für Roh- und Stabeisen betreffend.

Die unterm 23. Februar c. Allerhöchst befohlene Prüfung der Verhältnisse der inländischen Eisenproduktion im Allgemeinen und insbesondere der Schlesischen, hat in den Conferenzen mit den Deputationen der Hüttenbesitzer, der Fabrikbesitzer und des Handelsstandes am 18., 21., 23., 25., 26., 27., 28., 30. April und 2. Mai in der Art stattgefunden, dafs den Deputirten 27 Fragen zur Beantwortung vorgelegt worden sind. Ob aus diesen Verhandlungen eine so sehr bedrängte Lage der inländischen Fabrikation hervorgeht, dafs zum Schutz derselben eine Veränderung des Zolltarifs nothwendig erscheint, darüber wird sich unser Gutachten vorzugsweise zu verbreiten haben.

Dafs die seit dem Herbst 1841 eingetretenen Verkaufspreise des Schottischen Roheisens und des Englischen Stabeisens, einen wesentlichen Einflufs auf die Preise des inländischen Eisens geäufsert haben, ist bei den Verhandlungen nicht mit Bestimmtheit nachgewiesen worden und nur das Schlesische bei Steinkohlen dargestellte Roheisen ist durch die Concurrenz mit dem Schottischen Roheisen im Preise gefallen.

In den Rheinprovinzen ist daher auch kein Stocken des Eisenhandels eingetreten und man würde sich ohne Zweifel damit begnügt haben, die Klagen und Anträge zu erneuern, welche von den Eisenproducenten jedesmal vor der Bearbeitung eines neuen Zolltarifs erhoben worden sind, wenn nicht die Aufforderungen der Schlesischen Hüttenbesitzer, sich ihren Anträgen anzuschliefsen, den Rheinischen Hüttenbesitzern Veranlassung gegeben hätten, ein grösseres Gewicht auf die Concurrenz mit Britanischem Eisen zu legen, als diese seit mehren Jahren in der Rheinprovinz auf die inländische Eisen-Fabrikation und auf den dortigen Eisenhandel wirklich schon ausgeübt hat. Für die Schlesischen Hüttenbesitzer war das durch die niedrigen Preise des englischen Stabeisens mehr befürchteten als wirklich schon eingetretene Zurückdrängen ihrer Fabrikate aus den Provinzen Brandenburg, Pommern, Sachsen, Posen und Preufsen, für welche Provinzen sie sich den ganzen Markt zu den hohen Eisenpreisen in den Jahren 1839 und 1840 und in der ersten Hälfte des Jahres 1841, ohne eine ihnen nachtheilige Concurrenz mit dem Englischen und Schwedischen Eisen offen erhalten zu können glaubten, ein Gegenstand der gröfsten Besorgnifs geworden — und als nun gar Britanisches Roheisen sich im Herbst 1841 den Weg nach Oberschlesien bahnte, erschien ihnen dies Ereignifs so Gefahr bringend, dafs sie den völligen Untergang der Oberschlesischen Eisenfabrikation voraussahen, wenn dem ferneren Eindringen des fremden Roheisens nicht sofort Gränzen gesetzt würden. Wie wenig diese Besorgnifs glücklicherweise in Erfüllung gegangen ist, ergiebt sich aus dem unterm 8. März c. erstatteten Immediat-Zeitungsberichte der Oppeln'schen Regierung, worin dieselbe anzeigt, dafs sie sich „in der angenehmen Lage befinde, „allerunterthänigst berichten zu können, dafs die nachtheiligen Fol„gen der englischen Concurrenz, wenigstens nicht in dem hohen „Grade wie von den Producenten in ihrer Entmuthigung meist be„fürchtet wurde, sich fühlbar gemacht haben dürften, da nach den „landräthlichen Berichten die grofse Thätigkeit in der Erzförde„rung, dem Hüttenbetriebe und der Erz- und Produktenvecturanz „sich nicht vermindert, sondern gegentheils eher vermehrt habe." Dieser Anzeige können wir hinzufügen, dafs sich die Oberschlesischen Landesherrlichen Eisenhüttenwerke in vollem und ungestörtem Betriebe befinden, und dafs die Verkaufspreise des Stabeisens nur um etwa $\frac{1}{4}$ Thaler für den Centner zurückgegangen sind, eine Preiserniederung die von Zeit zu Zeit durch Fluktuationen im Eisenhandel wohl vorkommt, also auch diesmal vielleicht anderen Gründen, als der Concurrenz mit dem englischen Stabeisen zugeschrieben werden könnte. Das augenblickliche Stocken des Eisenhandels in Schlesien ist unbezweifelt, wie es bei jeder Handelskrisis der Fall zu sein pflegt, mehr der Unentschlossenheit der Käufer und der Verkäufer, als der von den Eisenproducenten angegebenen Entwerthung des Schlesischen Eisens durch das englische zuzuschreiben. Gleichwohl können wir nicht mit Zuverlässigkeit behaupten, dafs sich der Einflufs des britanischen Eisens auf den Handel mit schlesischem Eisen in der Folge nicht in dem Grade geltend machen könnte, dafs unter Beibehaltung des jetzigen Schutzzolles eine bedeutende Beschränkung der Eisenfabrikation in Schlesien nothwendig werden würde. Dies wird der Fall sein, wenn die Preise des schottischen Roheisens und des englischen Stabeisens noch ansehnlich unter den jetzigen Verkaufspreisen sinken sollten. Leider haben wir uns über diesen Punkt, welcher für die Beurtheilung des dem inländischen Eisenhüttengewerbe zu gewährenden Schutzes, von der gröfsten Wichtigkeit gewesen wäre, keinen Aufschlufs verschaffen können. Auch ergiebt sich aus den protokollarischen Verhandlungen, dafs die Ansichten darüber: ob die jetzigen Preise des britanischen Roh- und Stabeisens dauernd fortbestehen, oder ob sie sich bald wieder heben werden, sehr getheilt sind. Der General-Consul Hebeler und die Deputirten des Handelsstandes sind der Meinung, dafs vielleicht noch in diesem Jahr ein Steigen des britanischen Eisens zu erwarten sei, die Deputirten der Hüttenbesitzer besorgen dagegen, dafs die Preise sich nicht allein nicht heben, sondern dafs sie vielmehr noch tiefer sinken werden. Ueber jene Hoffnungen und diese Befürchtungen würde ein zuverlässiges Urtheil nur abgegeben werden können, wenn wir uns im Besitz der Materialien zu einer gründlichen Beurtheilung der jetzigen Erzeugungskosten des britanischen Roh- und Stabeisens befänden, welche uns nicht zu Gebote standen, weil sie eine sehr speciell-technische Kenntnifs von dem augenblicklichen Zustande des Eisenhüttengewerbes in Britanien voraussetzen, die weder aus Geschäftsbriefen noch aus mündlichen Mittheilungen von Reisenden, besonders wenn dieselben in ihren Aussagen durch ein persönliches Interesse geleitet werden, entnommen werden können. Das einzige, — wie wir indess bemerken müssen eben so wenig zureichende als zuverlässige — Anhalten können wir nur darin finden, dafs die Ankaufspreise des britanischen Roh- und Stabeisens in den letzten 4 Wochen nicht mehr gefallen sind, woraus zu folgen scheint, dafs sie ihren tiefsten Punkt bereits erreicht haben.

Anträge auf Gewährung eines Eingangszolles für fremdes Roheisen sind zwar früher schon von den Hüttenbesitzern gemacht, aber niemals so übereinstimmend von den schlesischen und rheinischen Hüttenbesitzern abgegeben worden, wie in diesem Jahr. Die Siegener Hüttengewerken trugen in ihrer Eingabe vom 31. May 1839 auf einen Eingangszoll von 1 Thlr. pro Centner fremdes Roheisen an, und die Schlesischen Hüttenbesitzer baten in einer Vorstellung vom May 1839 um Aufhebung des für die östlichen Provinzen noch bestehenden Ausfuhrzolles von 7½ Sgr. pro Centner inländisches Roheisen, so wie um einen Einfuhrzoll von mindestens 10—20 Sgr. pro Centner fremdes Roheisen, welchen Antrag sie im November 1839 wiederholten. Es ist zu bemerken, dafs diese Anträge zu einer Zeit gemacht wurden, wo eine Besorgnifs für die Concurrenz mit englischem Eisen noch nicht vorhanden war, wo sich die inländische Eisenfabrikation im höchsten Flor befand, wo das Bedürfnifs durch die Produktion nicht bestritten werden konnte und wo die Preise für das inländische Roh- und Stabeisen einen sehr hohen Stand erreicht hatten. Glaubten die Producenten schon damals, jede billige Rücksicht auf die Consumtion bei Seite setzen zu können, so kann es wenig befremden, wenn sie auf die kaum erst eingetretene und vielleicht bald vorübergehende Concurrenz mit dem britanischen Eisen Ansprüche begründen, durch deren Gewährung dem Lande das Glück, ein so unentbehrliches Material wie das Eisen, dessen Anwendung und Verbrauch täglich zunehmen, zu wohlfeilen Preisen verarbeiten zu können, auf immer entzogen werden würde.

Nicht minder bemerkenswerth ist die Aeufserung der rheinischen Hüttenbesitzer in einer Vorstellung vom Februar 1832, durch welche sie eine Erhöhung des Eingangszolles auf fremdes Eisen dadurch motiviren, dafs sie anführen: der englische Eisenfabrikant verkaufe sein Roheisen schon zu 2 £ 10 Sh. und das Stabeisen zu 5 £ pro Tonne. Sie gaben also die Preise des englischen Eisens vor 10 Jahren fast noch niedriger an als sie jetzt stehen und die damals geäufserte Besorgnifs: dafs die niedrigen Preise des englischen Eisens den inländischen Hütten zum Ruin gereichen würden, ist so wenig in Erfüllung gegangen, dafs diese letzten 10 Jahre vielmehr den Zeitraum der stärksten inländischen Eisenproduktion und der höchsten Eisenpreise umfassen. Es ergiebt sich wenigstens daraus, dafs das wohlfeile englische Eisen den Verkauf des theureren aber besseren und daher preiswürdigeren inländischen Eisens nicht beschränkt, am wenigsten aber dasselbe vom Markte verdrängt hat. Wir erlauben uns, diesen Umstand, der nicht blofs auf den Eisenhandel in den westlichen, sondern auch auf den in den östlichen Provinzen von entschiedenem Einflufs ist, ganz besonders hervorzuheben. Auch in England ist der Unterschied der Preise der besseren und der schlechteren Stabeisensorten so bedeutend, dafs das bei Holzkohlen dargestellte schwedische und russische Eisen seit einer Reihe von vielen Jahren fortdauernd fast denselben Verkaufspreis behalten hat, während die Preise des englischen Eisens aufserordentlichen Schwankungen ausgesetzt gewesen sind. So z. B. bestanden in London die Preise für 1 Tonne Eisen

| | Septemb. 1835 | | Juli 1836 | | Oktob. 1838 | | Oktob. 1839 | Decemb. 1841 | | April 1842 | |
|---|---|---|---|---|---|---|---|---|---|---|---|
| | £ | Sh. | £ | Sh. | £ | Sh. | £ | £ | Sh. | £ | Sh. |
| für ordinäres Walliser Eisen . . | 6 | 12 | 11 | 15 | 9 | 15 | 10 | 6 | 15 | 6 | 15 |
| für ordinäres Russisches Eisen . | 14 | | 15 | 10 | 14 | | 15 | 15 | 10 | 15 | |
| für ordinär. Schwedisches Eisen | 13 | | 15 | 10 | 12 | | 14 | 13 | 10 | 12 | 10 |

Eben so geringen Schwankungen ist das Holzkohleneisen bei dem Materialeisen ausgesetzt, welches für die Kupfererzgruben in Cornwall angekauft wird. Wir stellen hier die Preise für das gewöhnliche englische Stabeisen und für das Holzkohleneisen zusammen, indem dies diejenigen Preise sind, für welche der Ankauf des Eisens wirklich bewerkstelligt worden ist. Ein (englischer) Centner Stabeisen kostete:

| | gewöhnliches engl. Stabeisen | | Stabeisen bei Holzkohlen dargestellt | |
|---|---|---|---|---|
| | Sh. | P. | Sh. | P. |
| im August 1835 . . | 7 | - | nicht angegeben | |
| im August 1836 . . | 12 | 6 | 15 | - |
| im December 1836 | 11 | - | 15 | - |
| im März 1837 . . | 10 | - | 15 | - |
| im Januar 1838 . . | 9 | 6 | 14 | 6 |
| im September 1838 | 10 | - | 15 | - |
| im März 1839 . . | 10 | 6 | 15 | 6 |
| im November 1839 | 10 | - | 14 | - |
| im März 1840 . . | 9 | 6 | 14 | 6 |
| im August 1840 . | 8 | - | 14 | 6 |
| im März 1841 . . | 8 | 1 | 13 | 6 |
| im August 1841 . | 7 | 9 | 14 | - |
| im Februar 1842 . | 7 | - | 13 | - |

Das gewöhnliche englische Stabeisen hatte also im Februar d. J. genau wieder denselben Preis, für welchen es im August 1835 eingekauft war, allein es hatten in diesem Zeitraume Preisdifferenzen innerhalb der Gränzen zwischen 7 Sh. und 12 Sh. 6 P. pro Centner stattgefunden. Das gewöhnliche russische und schwedische Stabeisen (nicht das ungleich theuere Danemorer-Eisen aus Schweden, welches zur Anfertigung des Cementstahls angewendet wird und gar nicht in den Handel kommt) schwankte zwischen 13 Sh. und 15 Sh. 6 P. und verhielt sich bei dem niedrigsten Preise des englischen Stabeisens wie 7:13, ohne grade in demselben Verhältniſs mit dem letzteren im Preise zu steigen und zu fallen.

Ein noch gröſseres Interesse gewährt die Vergleichung der Preise des gewöhnlichen (einmal geschweiſsten) mit dem besseren (zweimal geschweiſsten) englischen Stabeisen. Wir können diese Vergleichung nur vom Januar 1838 ab, mittheilen, weil uns die früheren Angaben fehlen. Ein Centner (englisches Gewicht) ward bezahlt:

| | gewöhnliches engl. Stabeisen | | besseres (zweimal geschweisstes) engl. Stabeisen | |
|---|---|---|---|---|
| | Sh. | P. | Sh. | P. |
| im Januar 1838 mit | 9 | 6 | 12 | - |
| im September 1838 mit | 10 | - | 11 | - |
| im März 1839 mit . | 10 | 6 | 12 | 6 |
| im November 1839 mit | 10 | - | 12 | - |
| im März 1840 mit . | 9 | 6 | 12 | - |
| im August 1840 mit | 8 | - | 11 | 6 |
| im März 1841 mit . | 8 | 1 | 11 | 6 |
| im August 1841 mit | 7 | 9 | 11 | 6 |
| im Februar 1842 mit | 7 | - | 11 | 6 |

Das bessere englische Stabeisen ist also noch geringeren Schwankungen im Preise als das Holzkohleneisen ausgesetzt, es verhält sich zu dem gewöhnlichen englischen Stabeisen bei dem niedrigsten Preise des letzteren, wie 7 Sh.: 11 Sh. 6 P., und bei den höchsten Preisen desselben wie 10 Sh. 6 P. : 12 Sh. 6 P. Diese höchsten Preise des gewöhnlichen englischen Stabeisens sind aber diejenigen, bei welchen es in Deutschland bei dem Schutzzoll von 1 Thaler für den Centner keine Nachfrage mehr finden, wenigstens keine dem inländischen Eisen nachtheilige Concurrenz mehr bewirken kann. Da nun diese höchsten Preise des gewöhnlichen englischen Stabeisens noch niedriger stehen, als die niedrigsten Preise, für welche das bessere englische Stabeisen verkauft wird; so ist auch die Concurrenz des guten englischen Stabeisens mit dem inländischen zum Nachtheil der letzteren durchaus nicht zu besorgen. Es ist uns nicht bekannt, daſs dies bessere englische Stabeisen in irgend einer bedeutenden Quantität in den deutschen Handel gekommen wäre, und nur zu besonderen Zwecken wird es von Fabrikanten aus England bezogen. Alle Preisangaben über englisches Stabeisen in den protokollarischen Verhandlungen beziehen sich nur auf das gewöhnliche englische Stabeisen, welches wegen seiner geringen Güte höchstens nur die Preise des inländischen Stabeisens zum Vortheil für die Consumenten, etwas niederhalten, aber keineswegs zu der Besorgniſs Anlaſs geben kann, daſs der inländischen Eisenfabrikation dadurch ein so wesentlicher Nachtheil zugefügt werden kann, um der Concurrenz durch Erhöhung des Schutzzolles Einhalt thun zu müssen.

Weder in den westlichen und noch weniger in den östlichen Provinzen der Monarchie sind die Verkaufspreise für das Stabeisen so groſsen Schwankungen ausgesetzt gewesen wie in England. Eine Uebersicht dieser Preise für das gewöhnliche englische Stabeisen frei auf der Hütte vom Jahr 1825 bis 1842 entlehnen wir aus dem bekannten Werk: History of the Iron Trade von Scrivenor S. 408, 1 Tonne Staffordshirer Stabeisen (gewöhnliche Sorte oder merchant bars) ward bezahlt:

| | £ | Sh. | P. | | £ | Sh. | P. |
|---|---|---|---|---|---|---|---|
| im Jahr 1825 von | 12 | | | bis | 14 | 10 | |
| im Jahr 1826 von | 8 | 5 | | bis | 10 | | |
| im Jahr 1827 von | 7 | 10 | | bis | 8 | 10 | |
| im Jahr 1828 von | 6 | 15 | | bis | 7 | 12 | 6 |
| im Jahr 1829 von | 5 | 17 | 6 | bis | 6 | 15 | |
| im Jahr 1830 von | 5 | 10 | | bis | 7 | | |
| im Jahr 1831 von | 5 | 5 | | bis | 6 | 10 | |
| im Jahr 1832 von | 5 | 10 | | bis | 6 | | |
| im Jahr 1833 von | 5 | 10 | | bis | 7 | 10 | |
| im Jahr 1834 von | 6 | 10 | | bis | 8 | | |
| im Jahr 1835 von | 6 | 10 | | bis | 8 | | |
| im Jahr 1836 von | 9 | 15 | | bis | 11 | 10 | |
| im Jahr 1837 von | 6 | 15 | | bis | 11 | | |
| im Jahr 1838 von | 9 | | | bis | 9 | 5 | |
| im Jahr 1839 von | 9 | 10 | | bis | 10 | | |
| im Jahr 1840 von | 7 | 15 | | bis | 9 | 5 | |
| im Jahr 1841 von | 7 | | | bis | 9 | | |
| im Jahr 1842 von | 6 | 3 | 6 | | | | |

Der für 1842 angegebene Preis ist aus der Beilage No. 52 zu den protokollarischen Verhandlungen entnommen. Ein so auſserordentliches Schwanken der Stabeisenpreise läſst sich nur aus dem in kolossalen Verhältnissen wachsenden Bedarf an Eisen und daraus erklären, daſs das Bedürfniſs durch eine stets steigende Eisenproduktion wieder ausgeglichen worden ist. Was diesen letztern Umstand betrifft, so können wir darüber leider nur wenige und unvollständige Nachrichten beibringen, indem die Statistik von England darin sehr mangelhaft ist. Es sind in England und Schottland an Stabeisen producirt worden:

im Jahr 1827 9,600,000 Centner
im Jahr 1830 10,000,000 -
im Jahr 1836 12,000,000 -
im Jahr 1839 13,400,000 -

Das steigende Bedürfnifs des Reiches ist daher durch die starke Vergröfserung der Produktion immer wieder gedeckt und es sind dadurch die Eisenpreise von Zeit zu Zeit wieder ermäfsigt und auf den für die Consumenten erwünschten Satz zurückgebracht worden. Aus der Zusammenstellung der Preise geht aber bestimmt und unzweideutig hervor, dafs die jetzigen Verkaufspreise des gewöhnlichen englischen Stabeisens keineswegs eine ungewöhnliche Erscheinung sind, sondern dafs sie in der Zeitperiode von 1829 bis 1833 theilweise sogar noch niedriger gestanden haben wie jetzt, ohne dafs sie auf die fortschreitenden Produktionsgröfsen und auf die steigenden Eisenpreise auf unsern inländischen Eisenhütten damals einen nachtheiligen Einflufs ausgeübt hätten. Die Besorgnifs, dafs sich der früher unbemerkt gebliebene Einflufs jetzt geltend machen werde, würde nur dann begründet sein, wenn der eigene Bedarf Grofsbritaniens an Eisen nicht mehr im Zunehmen begriffen wäre, oder wenn die Producenten ihre Verkaufspreise durch eine Verminderung der Erzeugungskosten noch fortdauernd zu ermäfsigen vermögten. Ersteres ist durchaus nicht anzunehmen und ob letzteres geschehen kann, läfst sich nur durch eine ganz specielle ökonomisch-technische Prüfung des jetzigen Zustandes der Eisenfabrikation in Britanien beurtheilen, wie wir vorhin schon angedeutet haben. Es ist möglich, sogar ganz wahrscheinlich, dafs die verwikkelten innern und äufsern Verhältnisse Grofsbritaniens nicht ohne einen nachtheiligen Einflufs auf die Consumtion und daher auch auf die Verkaufspreise des Eisens geblieben sind, und dafs ein Theil der Producenten genöthigt worden ist, den Betrieb seiner Eisenhütten ohne Gewinn fortzusetzen; ja es ist sogar erwiesen, dafs die neuste von den periodisch eintretenden bedeutenden Betriebserweiterungen der britanischen Eisenhüttenwerke zufällig mit der für den Eisenhandel nicht günstigen Periode zusammentraf, weshalb durch eine freiwillige Vereinigung der Hüttenbesitzer der Betrieb ihrer Hüttenwerke vor der Hand um 20 Procent vermindert worden ist; allein diese Verhältnisse scheinen nur zu beweisen, dafs die Produktionskosten in England auf einen Punkt gekommen sind, der ein gröfseres Zurückweichen der Eisenverkaufspreise nicht mehr zulässig macht. Der seit einiger Zeit stationär gebliebene Preis des englischen Eisens widerspricht wenigstens dieser Folgerung nicht.

Aufserdem glauben wir, durch die oben angegebenen Verhältnisse der Preise für das gewöhnliche und für das bessere Stabeisen in England selbst, gezeigt zu haben, dafs das letztere nur schwer mit dem inländischen concurriren kann. Eine Concurrenz mit dem gewöhnlichen engl. Stabeisen ist, wegen der schlechten Beschaffenheit desselben, auf die Dauer nicht zu befürchten. Die Deputirten der Hüttenbesitzer erwähnen zwar, dafs sich das schlechte aber wohlfeile englische Stabeisen zu manchen Zwecken verwenden lassen werde, wozu man bis jetzt das bessere aber theurere inländische Stabeisen angewendet habe; sie besorgen ferner, dafs diese Verwendung eine immer gröfsere Ausdehnung finden und dem inländischen Stabeisen dadurch den Markt mehr und mehr beschränken würde; allein sie erwägen nicht, dafs der Bedarf des Landes an Eisen in zunehmendem Maafse täglich steigt, da's ihnen daher ein Ersatz für jenen befürchteten Verlust bleiben mufs, und dafs es ein nicht zu rechtfertigendes Begehren ist, die Millionen von Consumenten zur Anwendung von theurerem wenn gleich besserem Eisen zwingen zu wollen, wenn sie ihre Zwecke durch schlechteres aber wohlfeileres Eisen erreichen zu können glauben.

Fast noch dringender als die Erhöhung des jetzt bestehenden Schutzzolles von 1 Thaler auf den Centner Stabeisen, haben diejenigen Hüttenbesitzer, welche zugleich Besitzer von Hohenöfen sind, einen Schutzzoll auf das Roheisen in Antrag gebracht. In dem Zolltarif ist das Roheisen bisher immer als ein Material zur weitern Verarbeitung im Lande betrachtet worden und es ist nicht ohne grofse und oft wiederholte Widersprüche von Seiten der Stabeisenfabrikanten geschehen, dafs der Ausgangszoll, mit welchem das im Inlande gewonnene Roheisen belegt war, in den westlichen Provinzen der Monarchie aufgehoben und die Roheisen-Ausfuhr freigegeben ward. Für die östlichen Provinzen dauert der Ausgangszoll von 7½ Sgr. für den Centner Roheisen noch jetzt fort, ohne Zweifel weil ein Absatz von schlesischem Roheisen über die Zollvereinsgränzen hinaus noch niemals stattgefunden hat und daher das Bedürfnifs zur Aufhebung des Ausfuhrzolles nicht dringend genug hervorgetreten ist. Wir gaben zu, dafs das Roheisen für diejenigen Hüttenbesitzer, welche sich blofs auf die Roheisenproduktion beschränken und das Roheisen weder durch die Gufswaarenbereitung noch durch die Stabeisenfabrikation höher zu verwerthen bemüht sind, wirklich als ein Produkt, wenigstens als ein Halbprodukt betrachtet werden mufs, und dafs es für sie als ein Material im engeren Sinne des Wortes nicht angesehen werden kann. Mit Rücksicht auf diese Producenten würde es uns daher principienmäfsig auch zulässig geschienen haben, — wiewohl nicht ohne grofsen Nachtheil für die inländische Gufswaaren- und Stabeisen-Fabrikation, — einen mäfsigen Eingangszoll von etwa 5 Procent des Werthes für dieses Halbprodnkt in Antrag zu bringen, wenn nicht die Eisenhüttenbesitzer (mit alleiniger Ausnahme der auf die Roheisenfabrikation sich beschränkenden) die ausdrückliche Erklärung abgegeben hätten, dafs sie das fremde Roheisen nur in dem Falle mit einem Eingangszolle belegt wünschten, wenn gleichzeitig der Zoll für das eingehende Stabeisen mindestens um den 1½fachen Betrag des Zolles für das Roheisen erhöhet würde. Eine solche Erhöhung des Eingangszolles erscheint indefs sehr bedenklich, auch zum grösseren Schutz des Gewerbes, wie wir im Verlauf unsres Gutachtens zeigen werden, nicht erforderlich zu sein. Aufserdem würden wir es als ein grofses Uebel betrachten müssen, wenn die zur Befriedigung der dringendsten Bedürfnisse erforderliche und jetzt in rascher Entwickelung begriffene Gufswaaren- und Stabeisenfabrikation erschwert und in ihrem Fortgange dadurch gehemmt werden sollte, dafs zu Gunsten einiger weniger Hüttenbesitzer, welche durch die gröfsere Güte und durch den bedeutend höheren Werth ihres Produktes (des Roheisens) nicht schon reichliche Entschädigung finden, ein Princip in Anwendung gebracht werden sollte, welches auf die Entwickelung des gesammten Eisenhüttenwesens nachtheilig wirkt und die ganze Bevölkerung des Landes mit einer neuen Auflage belastet welche selbst für die Hohofenbesitzer nur von imaginärem Werth sein würde, wie sich später ergeben wird.

Die Besorgnifs der Hüttenbesitzer, ihr Gewerbe durch die jetzigen niedrigen Preise des englischen, besonders des schottischen Roheisens bis zur Vernichtung beeinträchtigt zu sehen, findet in den Verkaufspreisen dieses Roheisens, wenigstens wie sie jetzt noch stehen, keine Bestätigung. Scrivenor hat in der Geschichte des Eisenhandels (S. 408) worauf wir Bezug zu nehmen uns erlauben, die Preise des Staffordshirer Roheisens von 1825 — 1841 zusammengestellt. Es ergiebt sich daraus, dafs die Roheisenpreise in den Jahren 1831 und 1832 auch schon zu 2 £ 17 Sh. 6 P. pro Tonne gestanden haben, dafs sie im Jahre 1825 den hohen Satz von 7 bis 8 £ erreichten, von welchem sie bis zum Jahre 1835 mit einigen Schwankungen über und unter 3 £ bis zu 3 £ zurückgingen, sich dann abermals bis zu 5 und 6 £ erhoben und vom Jahre 1840 ab wieder im Fallen begriffen waren. Diese Preisschwankungen hängen, wie wir schon bei dem Stabeisen gezeigt haben, ganz allein von dem Verhältnifs der Consumtion zur Produktion ab, und wie grofs der Verbrauch an Roheisen in Grofsbritannien sein müsse, ergiebt sich aus den steigenden Produktionsquantitäten, welche, wenigstens für verschiedene Zeitperioden mit einem Blick zu übersehen von Interesse sein wird. Die Grofsbritannische Roheisenproduktion betrug:

| | | | |
|---|---|---|---|
| im Jahre | 1740 | 347,000 | Centner |
| | 1780 | 800,000 | - |
| | 1800 | 3,120,000 | - |
| | 1820 | 8,000,000 | - |
| | 1830 | 13,568,340 | - |
| | 1839 | 30,240,000 | - |

Wollte man genauer in das Detail der Produktions- und der Consumtionsgröfsen der Grofsbritanischen Roheisenerzeugung eingehen, so würde sich ergeben, dafs gesteigertes Bedürfnifs die Steigerung der Produktion veranlafst und diese wieder auf die Preise des Roheisens zurückgewirkt hat. Jetzt sind die Verkaufspreise des mit dem Staffordshirer etwa gleichwerthigen Südwalliser Roheisens zu 3 £ 13 Sh. ermittelt. Diese Preise sind wohl als die niedrigsten anzusehen, bis zu welchen das britanische Roheisen gefallen ist, denn aus den Privatnotirungen Beil. 13 zu den protokollarischen Verhandlungen ergiebt sich, dafs das Südwalliser Roheisen am 28. März d. J. wieder mit 5 £ 2 Sh. 6 P. für die Tonne in Rechnung gebracht worden ist. Am niedrigsten stehen die Preise des Schottischen Roheisens, veranlafst durch die vielen neuen Anlagen, welche die zu sanguinischen Hoffnungen ihrer Erbauer für die Fortdauer der Roheisenpreise in England, ins Leben gerufen haben mögen. Es ist uns nicht gelungen, über die jetzigen Verkaufspreise dieses Roheisens völlig zuverlässige Nachrichten zu erhalten, welches dadurch leicht erklärbar wird, dafs sich weder alle Hütten-Etablissements in gleichen Betriebsverhältnissen, noch ihre Besitzer in gleichen ökonomischen Verhältnissen befinden, wodurch ein gleich hoher und allgemein geltender Verkaufspreis sich nicht hat normiren können. Das einzige sichere Anhalten für die östlichen Provinzen gewährt die Thatsache, dafs der niedrigste Verkaufspreis für schottisches Roheisen hier in Berlin durch einen am 26. März d. J. abgeschlossenen Verkauf zu 1 Thlr. 11 Sgr. 6 Pf. für den preufsischen Centner ermittelt worden ist, und dafs seitdem die Preise nicht weiter gefallen sind. Für die westlichen Provinzen stellen sich die niedrigsten

Preise des für die Gießereien brauchbaren schottischen Roheisens zu 13½ bis 14 Thaler und die des Feineisens für die Stabeisenbereitung zu 19 bis 19½ Thaler, beide Preise auf 1000 Pfund Preuſs. und franco Köln berechnet. Ob die inländischen Hüttenwerke bei diesen, im Vergleich zu den hohen Roheisenpreisen in den letzten Jahren allerdings bedeutend niedrigeren Preisen überhaupt noch concurriren können, werden wir weiter unten näher beleuchten, müssen aber schon jetzt zwei Momente hervorheben, worauf wir nicht Gewicht genug legen können, wenn von einer Vergleichung der Preise des britanischen und des inländischen Roheisens die Rede ist. Mit Ausnahme des über die russisch-polnische Gränze in Schlesien eingehenden Holzkohlenroheisens, können sich alle Anträge der Hüttenbesitzer auf Besteuerung des fremden Roheisens nur auf Steinkohlenroheisen beziehen, denn weder die nicht im Zollverein befindlichen deutschen Staaten, noch Frankreich, Belgien u. Schweden führen Holzkohlenroheisen bei uns ein, weshalb auch gegen diese Staaten ein Roheisen-Schutzzoll nicht erforderlich ist. Das Steinkohlenroheisen und das Holzkohlenroheisen sind aber in der Güte und im Preise so wesentlich verschieden, daſs die Holzkohlenhüttenwerke durch die zollfreie Einfuhr des Steinkohlenroheisens nicht unmittelbar sondern nur mittelbar, nämlich dadurch betroffen werden, daſs groſse Quantitäten eines minder werthigen und wohlfeileren Materials den höheren Preis eines Materials von derselben Art aber von ungleich gröſserer Güte, etwas herabzusetzen vermögen. In den westlichen Provinzen hat ein direktes Herabdrücken des Preises des inländischen Roheisens durch das eingehende englische und belgische Steinkohlenroheisen nicht nachgewiesen werden können (5. Frage im Protokoll vom 21. April). Für die östlichen Provinzen räumen auch die Deputirten der Schlesischen Hütten ein, daſs der Schutzzoll auf Roheisen mehr auf das Bestehen der vorhandenen und auf eine Aufmunterung zur Anlage neuer Steinkohlenöfen, als auf das Fortbestehen der Holzkohlenhohöfen gerichtet sei (Protok. vom 23. April und Frage 11 im Protok. vom 27 April). Der Antrag der Hüttenbesitzer auf Besteuerung des Roheisens würde also im Wesentlichen nur den beschränkten Zweck haben, der inländischen Roheisenproduktion bei Steinkohlen einen Schutz zu gewähren.

Die Deputirten der Eisenhüttenbesitzer aus den westlichen sowohl als aus den östlichen Provinzen haben bei den Verhandlungen über den Roheisenzoll vorzugsweise den Umstand hervorzuheben gesucht, daſs weniger die Stabeisenfabrikation als die Roheisenproduktion es sei, wodurch das inländische Eisenhüttengewerbe vom Auslande unabhängig gemacht werde, dafs die Roheisenerzeugung das Fundament des Gewerbes bilde, dafs sie tiefer in die Staatsökonomie eingreife als der Stabeisenhüttenbetrieb, und dafs sie daher auf die besondere Fürsorge der Regierung Anspruch zu machen habe. Wir theilen diese Ansicht mit ihnen, aber wir können uns nicht überzeugen, dafs der Schutzzoll ein Mittel sei, die erwartete Unabhängigkeit zu erlangen, indem schon im Allgemeinen das Schutzsystem nicht in den Schutzzöllen, sondern in der naturgemäfsen Kraft und Entwickelung des ganzen Staates zu finden ist, und ein jedes Gewerbe seine Selbstständigkeit und Unabhängigkeit um so weniger bewahren kann, je mehr es der Schutzzölle bedarf um sein Bestehen zu sichern. Für die Roheisenerzeugung insbesondere tritt noch ein Umstand hinzu, den wir als das zweite Moment bei der Vergleichung der britanischen und der inländischen Roheisenpreise geltend machen müssen. Die Zunahme der Roheisenproduktion in Britanien und bei uns ist von ganz verschiedenen Erfolgen begleitet. Dort wie hier ist sie durch das steigende Bedürfnifs hervorgerufen, aber dort hat sie jedesmal ein Sinken der Preise zur Folge gehabt, sie hat wohlthätig für die Consumenten gewirkt und die Preissteigerung eines der wichtigsten und unentbehrlichsten Bedürfnisse verhindert. Bei uns haben sich die Produktionskosten mit der Produktionsmenge vergröfsert und dadurch ein Steigen der Eisenpreise veranlafst, welches ohne Concurrenz mit fremdem Eisen in demselben Verhältnisse zunehmen würde, in welchem die Produktion eine noch gröfsere Ausdehnung erlangt, zum Beweise, dafs die natürlichen Verhältnisse, welche diese Verstärkung der Produktion rathsam machen könnten, nicht mehr vorhanden sind. Ein solches Gewerbe durch Schutzzölle begünstigen, heifst offenbar den Grund zu einer bald erforderlichen Erhöhung dieser Zölle legen, die sich in kurzer Zeit mit gebieterischer Nothwendigkeit geltend machen wird; es heifst für den Preufsischen Staat auf niedrige Eisenpreise für immer verzichten.

Die grofse Wichtigkeit des Eisenhüttengewerbes anerkennend, hat der Staat demselben durch die bestehenden Einfuhrzölle einen Schutz verliehen, dessen kein anderes Gewerbe sich rühmen kann. Es ist nicht zu bezweifeln, dafs durch Hülfe dieses Schutzzolles die Eisenproduktion in den westlichen und in den östlichen Provinzen schnelle und grofse Fortschritte gemacht hat. Leider können nur die Eisenproduktionslisten vom Jahr 1824 ab einigermafsen auf Zuverlässigkeit Anspruch machen. Um indefs nicht durch Zahlen zu ermüden, wollen wir die Uebersicht der producirten Eisenquantitäten von 1824 ab, nicht für die einzelnen Jahre, sondern für einige entferntere Zeitperioden hier folgen lassen.

1. An Roheisen und Rohstahleisen sind producirt worden,

| im Jahr 1824: | Ctr. | Pfd. |
|---|---|---|
| Im Brandenburg.-Preufs. Ober-Berg-Amts-Distrikt | 13,187 | — |
| Im Schlesischen Ober-Berg-Amts-Distrikt . . . | 307,217 | 34 |
| Im Nieders.-Thüring. Ober-Berg-Amts-Distrikt . | 22,333 | — |
| Im Westphälischen Ober-Berg-Amts-Distrikt . . | 4,661 | 92 |
| Im Rheinischen Ober-Berg-Amts-Distrikt . . . | 369,129 | 47 |
| | 716,258 | 63 |

| im Jahr 1834: | Ctr. | Pfd. |
|---|---|---|
| Im Brandenburg.-Preufs. Ober-Berg-Amts-Distrikt | 7,040 | — |
| Im Schlesischen Ober-Berg-Amts-Distrikt . . . | 510,391 | 72 |
| Im Nieders.-Thüring. Ober-Berg-Amts-Distrikt . | 19,945 | — |
| Im Westphälischen Ober-Berg-Amts-Distrikt . . | 5,699 | 21 |
| Im Rheinischen Ober-Berg-Amts-Distrikt . . . | 640,139 | 97 |
| | 1,183,215 | 80 |

| im Jahr 1839: | Ctr. |
|---|---|
| Im Brandenburg.-Preufs. Ober-Berg-Amts-Distrikt . | — |
| Im Schlesischen Ober-Berg-Amts-Distrikt . . . . | 664,479 |
| Im Nieders.-Thüring. Ober-Berg-Amts-Distrikt . . | 42,614 |
| Im Westphälischen Ober-Berg-Amts-Distrikt . . . | 12,157 |
| Im Rheinischen Ober-Berg-Amts-Distrikt . . . . | 910,799 |
| | 1,630,049 |

und im Jahre 1840 sind in der ganzen Monarchie 1,699,665 Centner Roheisen dargestellt worden. Die Roheisenproduktion ist daher in der letzten 16jährigen Zeitperiode etwa im Verhältnifs von 1:2,37 gestiegen.

2. An Gufswaaren sind dargestellt,

| im Jahr 1824: | Ctr. | Pfd. |
|---|---|---|
| Im Brandenburg.-Preufs. Ober-Berg-Amts-Distrikt | 17,911 | 96¼ |
| Im Schlesischen Ober-Berg-Amts- Distrikt . . | 52,533 | 48 |
| Im Nieders.-Thüring. Ober-Berg-Amts-Distrikt | 2,700 | — |
| Im Westphälischen Ober-Berg-Amts-Distrikt . | 28,454 | 80 |
| Im Rheinischen Ober-Berg-Amts-Distrikt . . | 64,194 | 105 |
| | 165,794 | 109¼ |

| im Jahr 1834: | Ctr. | Pfd. |
|---|---|---|
| Im Brandenburg.-Preufs. Ober-Berg-Amts-Distrikt | 29,878 | 88 |
| Im Schlesischen Ober-Berg-Amts-Distrikt . . . | 55,576 | 49 |
| Im Nieders.-Thüring. Ober-Berg-Amts-Distrikt | 9,444 | 34 |
| Im Westphälischen Ober-Berg-Amts-Distrikt . . | 86,030 | 35 |
| Im Rheinischen Ober-Berg-Amts-Distrikt . . . | 102,290 | 18 |
| | 283,220 | 4 |

| im Jahr 1839: | Ctr. |
|---|---|
| Im Brandenburg.-Preufs. Ober-Berg-Amts-Distrikt . | 84,787 |
| Im Schlesischen Ober-Berg-Amts-Distrikt . . . . | 157,911 |
| Im Nieders.-Thüring. Ober-Berg-Amts-Distrikt . . | 36,903 |
| Im Westphälischen Ober-Berg-Amts-Distrikt . . . | 148,684 |
| Im Rheinischen Ober-Berg-Amts-Distrikt . . . . | 214,991 |
| | 643,276 |

und im Jahre 1840 sind in allen Ober-Berg-Amts-Distrikten 735,174 Centner Gufswaaren angefertigt worden, so dafs sich die Gufswaarenfabrikation in den letzten 16 Jahren in dem Verhältnifs von 1:4,43 vergröfsert hat. Diese bedeutende Zunahme der Gufswaarenfabrikation zeigt deutlich das stets steigende Bedürfnifs des Landes, welches durch die angegebenen Quantitäten wahrscheinlich nur unvollständig befriedigt worden ist, indem die Menge der angefertigten gufseisernen Waaren und Gegenstände unbezweifelt bedeutend gröfser war, sich aber aus den unvollständigen Produktionsnachweisungen nicht mit Zuverlässigkeit ersehen läfst.

3. An Stabeisen (mit Einschlufs des Rohstahls) sind gewonnen,

| im Jahr 1824: | Ctr. | Pfd. |
|---|---|---|
| Im Brandenb.-Preufs. Ober-Berg-Amts-Distrikt | 27,626 | 96¼ |
| Im Schlesischen Ober-Berg-Amts-Distrikt . . | 228,264 | 105 |
| Im Nieders.-Thüring. Ober-Berg-Amts-Distrikt | 35,812 | 63¾ |
| Im Westphälischen Ober-Berg-Amts-Distrikt . | 3,226 | 23 |
| Im Rheinischen Ober-Berg-Amts-Distrikt . . | 307,203 | 17 |
| | 602,133 | 75 |

| im Jahr 1834: | Ctr. | Pfd. |
|---|---|---|
| Im Brandenb.-Preufs. Ober-Berg-Amts-Distrikt . | 52,212 | 10½ |
| Im Schlesischen Ober-Berg-Amts-Distrikt . . | 316,200 | 43½ |
| Im Nieders.-Thüring. Ober-Berg-Amts-Distrikt . | 38,365 | 27¼ |
| Im Westphälischen Ober-Berg-Amts-Distrikt . | 6,943 | 37 |
| Im Rheinischen Ober-Berg-Amts-Distrikt . . . | 474,232 | 89 |
| | 887,953 | 97½ |

| im Jahr 1839: | Ctr. |
|---|---|
| Im Brandenb.-Preufs. Ober-Berg-Amts Distrikt . . | 75,857 |
| Im Schlesischen Ober-Berg-Amts-Distrikt . . . . | 496,361 |
| Im Nieders.-Thüring. Ober-Berg-Amts-Distrikt . . | 66,620 |
| Im Westphälischen Ober-Berg-Amts-Distrikt . . . | 206,361 |
| Im Rheinischen Ober-Berg-Amts-Distrikt . . . . | 610,793 |
| | 1,455,992 |

und im Jahre 1840 sind in der ganzen Monarchie 1,628,779 Centn. Stabeisen dargestellt, so dafs die Zunahme der in den letzten 16 Jahren producirten Stabeisenquantitäten in dem Verhältnifs von 1:2,7 zu stehen kommt.

Aus den Verhältnifszahlen 1:2,37; 1:443 und 1:2,7 ergiebt sich, dafs die inländische Roheisenfabrikation, unter den günstigsten Umständen, indem sie in dem ganzen Zeitraum von 16 Jahren keine ihr nachtheilige Concurrenz mit fremdem Roheisen zu bestehen hatte und sich bei steigenden Roheisenpreisen frei entwickeln konnte, das Bedürfnifs der Giefsereien und der Stabeisenhütten zu befriedigen nicht vermochte, und dafs der erforderliche Zuschufs von Roheisen aus dem Auslande eingeführt werden mufste. Unter solchen Verhältnissen mufs es als ein Glück für die inländischen Fabrikanstalten, welche das Roheisen zu Gufswaaren und zu Stabeisen veredeln, angesehn werden, dafs der fehlende Bedarf aus dem Auslande herbeigeschafft werden konnte. Es sind an Roheisen und an altem Brucheisen zur Darstellung von Gufswaaren und von Stabeisen eingeführt worden:

| | | |
|---|---|---|
| im Jahr 1835 | 60,973 | Centner |
| im Jahr 1836 | 60,822 | - |
| im Jahr 1837 | 127,198 | - |
| im Jahr 1838 | 232,653 | - |
| im Jahr 1839 | 244,558 | - |
| im Jahr 1840 | 437,031 | - |
| im Jahr 1841 | 734,698 | - |

Diese Zahlen sprechen für sich selbst das, besonders in den letzten 3 Jahren in einem bedeutend zunehmenden Verhältnifs gestiegene Bedürfnifs des Landes aus, welches um so mehr zu beachten ist, als sich in derselben Zeitperiode auch die inländische Roheisenfabrikation ansehnlich vermehrt hat.

Aber ungeachtet dieses Zuschusses an fremdem Material, hat die Consumtion von Gufswaaren und von Stabeisen in der Monarchie in einem solchen Grade zugenommen, dafs auch noch fertiges Produkt — Gufswaaren und Stabeisen — in jährlich steigender Progression, hat eingebracht werden müssen. Diese Einfuhr hat betragen:

| | Gufswaaren | Stabeisen |
|---|---|---|
| | Ctr. | Ctr. |
| im Jahr 1835 | 25,081 | 118,223 |
| im Jahr 1836 | 22,570 | 136,243 |
| im Jahr 1837 | 39,425 | 193,776 |
| im Jahr 1838 | 38,904 | 425,589 |
| im Jahr 1839 | 22,794 | 439,460 |
| im Jahr 1840 | 28,753 | 519,989 |
| im Jahr 1841 | 46,565 | 734,698 |

Wenn bei gestiegenen Eisenpreisen der Bedarf schon in solchen Verhältnissen zugenommen hat, was wird da unter günstigeren Umständen, nämlich bei verminderten Roheisenpreisen, nicht erst zu erwarten sein! Sollte dagegen der Wunsch der Hüttenbesitzer erfüllt und der Eingang des fremden Materials zum Schutz der inländischen Roheisenfabrikation mit einem Eingangszoll belegt werden, so würde das rasch emporstrebende Gewerbe der Gufswaaren- und Stabeisenbereitung mitten in seiner Entwickelung gehemmt werden, die vielen Millionen Consumenten würden auf immer zur Entrichtung einer stets steigenden Abgabe auf ein nothwendiges Lebensbedürfnifs verurtheilt sein und allen Zweigen der Industrie und Gewerbsamkeit würde die Benutzung eines Materials erschwert werden, dessen wünschenswerthe und täglich dringender werdende allgemeinere Anwendung nur bei wohlfeileren als den jetzigen Preisen desselben ausführbar ist.

Gehen wir nach diesen allgemeinen Betrachtungen näher auf die Anträge ein, welche die Hüttenbesitzer zur Bewilligung von neuen oder von erhöheten Eisenschutzzöllen vorgebracht haben, so zeigt sich sogleich, dafs diese Anträge sich ganz nach der Art ihrer Gewerbthätigkeit richten. Hüttenbesitzer die auf ihren Etablissements blofs Roheisen zum Verkauf darstellen, und solche die das gewonnene Roheisen unmittelbar aus dem Hohofen zur Gufswaarenbereitung verwenden, nehmen nur allein einen Schutzzoll für Roheisen in Anspruch. Andere, die nur Stabeisen aus angekauftem Roheisen auf ihren Etablissements darstellen, protestiren gegen jede Besteuerung des fremden Roheisens, theils mit Beibehaltung der jetzigen Zollsätze für das eingehende fremde Stabeisen, theils mit dem Wunsch diese Sätze erhöhet zu sehen. Noch Andere, und zwar die Mehrzahl der Hüttenbesitzer, mit welchen sich im Verlauf der Allerhöchst anbefohlenen Verhandlungen auch die anderen Hüttenbesitzer vereinigt haben, verlangen einen Schutzzoll für das Roheisen und gleichzeitig eine mindestens den 1½fachen Betrag der auf zu erlegenden Roheisensteuer erreichende Erhöhung des Zollsatzes von 1 Thaler für die eingehenden gewöhnlichen Stabeisensorten; sie machen aber beide Besteuerungs-Anträge dergestalt von einander abhängig, daſs ein Theil den Roheisenzoll für unangemessen hält, wenn der Stabeisenzoll nicht erhöht wird, und ein anderer Theil die Erhöhung des Stabeisenzolles seinem Interesse nicht gemäſs findet, wenn das Roheisen unversteuert bleiben sollte.

Da bei allen diesen Anträgen nur ein persönliches Interesse obwaltet, und da die Frage: ob eine Veränderung in den jetzt bestehenden Zollsätzen für das Fortbestehen des Eisenhüttengewerbes nothwendig ist, nicht aus allgemeinen staatswirthschaftlichen Rücksichten allein entschieden, sondern auch das Bedürfniſs des Gewerbes selbst geprüft werden soll, dieses aber in den verschiedenen Provinzen der Monarchie, theils nach ihren natürlichen, theils nach ihren jetzt einmal vorhandenen und im Laufe der Zeiten geordneten gewerblichen Verhältnissen, sich sehr verschiedenartig ausgebildet hat; so werden wir genöthigt sein, die Eisenbesteuerungsfrage für jede Provinz besonders zu beleuchten.

In Schlesien ist die Roheisenerzeugung noch ziemlich neu, indem wahrscheinlich erst im Jahr 1718 in Oberschlesien der erste Hohofen erbaut ward. Die Eisenfabrikation in ganz Schlesien beschränkte sich auf die Darstellung von Stabeisen unmittelbar aus den Eisenerzen in den sogenannten Luppenfeuern, welche erst im Jahr 1790 gänzlich aus der Provinz verschwunden sind. Sehr lange war die Eisenbereitung in Schlesien ein unbedeutendes Gewerbe, welches von den Gutsbesitzern nur ausgeübt ward, um das ganz werthlose Holz zu benutzen. Im Jahr 1777 wurden die ersten 49 Centner Oberschlesisches Stabeisen nach Berlin gesendet und bis zum Jahr 1816 hatten diese Sendungen keine namhafte Höhe erreicht. In dem genannten Jahre sind schon 55,679 Centner auf der Oder, theils in die Marken, theils weiter nach Pommern, Preuſsen und Magdeburg gesendet, wohin dem Schlesischen Eisen in Folge des früheren Eisenhandels-Monopols der Weg gebahnt und demselben der Absatz sodann anfänglich durch Eingangsverbote, demnächst durch einen vorzüglich nur gegen Schwedisches Stabeisen gerichteten Schutzzoll gesichert ward. Wäre dieser Schutzzoll, der gleich zu 1 Thlr. pro Centner festgestellt ward, anders und niedriger normirt worden, so würde das Eisenhüttengewerbe in Schlesien eine den natürlichen Verhältnissen der Provinz angemessene Ausbildung erhalten haben und die östlichen Provinzen der Monarchie würden sich jetzt im Besitz von wohlfeilerem Eisen befinden. Wenn berücksichtigt wird, dafs die damalige, nur wenig bedeutende Eisenproduktion in Schlesien schon zureichte, den gröfsten Theil der östlichen Provinzen mit Eisen zu versorgen, so giebt die Vergleichung des damaligen und des jetzigen Bedarfs des Landes an Eisen schon ein allgemeines Bild von der in den letzten 25 Jahren fortgeschrittenen Industrie in allen anderen Zweigen der Gewerbsthätigkeit, die damals zum Theil noch nicht einmal vorhanden war, und welche sämmtlich das Eisen als eines der wesentlichsten Materialien zu ihrer Begründung und zu ihrem Betriebe bedürfen. Wenn daher die Schlesischen Hüttenbesitzer beantragen, dafs ihnen durch Hülfe eines neuen Schutzzolles auf Roheisen und eines erhöhten Zolles auf Stabeisen der frühere Markt für ihre Produkte nach Möglichkeit gesichert werden solle; so ist dies schon ein an sich unerfüllbares Begehren, indem nicht zu fürchten ist, dafs bei allen anderen Gewerbszweigen ein Stillstand eintreten werde, vielmehr die sichere Erwartung gehegt werden mufs, dafs sie in ihrer Entwickelung fortschreiten, welches eine immer wachsende Consumtion von Eisen zur Folge haben wird. Wir gestehen es, dafs wir zu Gunsten aller anderen Gewerbe und im Interesse aller Consumenten, dem von den Vertretern der Eisenconsumenten, vorgebrachten Antrage auf Herabsetzung der jetzt bestehenden Eisenzollsätze das Wort reden würden, wenn es nicht bedenklich erschiene, einem so wichtigen Gewerbe wie dem Eisenhüttengewerbe gerade jetzt einen Schutz zu schmälern, den es seit langer Zeit genossen hat, und nach welchem sich alle Verhältnisse des Betriebes schon geordnet haben.

Es konnte nicht fehlen, dafs die Eisenproduktion in Schlesien, bei der Schwierigkeit dem täglich steigenden Bedürfnifs zu genügen und bei den früheren Einfuhrverboten rasche Fortschritte machen mufste. Im Anfange dieses Jahrhunderts ward, nach dem Vorbilde der englischen Hüttenanlagen, auf den landesherrlichen Oberschlesischen Eisenhütten zu Gleiwitz und Königshütte der Betrieb der Hohöfen mit Steinkohlen eingeführt und bis zum Jahr 1806 waren diesem Beispiele die Besitzer der beiden Privathüttenwerke, der Hohenlohhütte und der Antonienhütte gefolgt. Diese Hüttenanlagen blieben lange Zeit die einzigen, welche sich der Steinkohlen statt des Holzes bei der Roheisengewinnung bedienten und erst seit etwa 8 Jahren sind einige auf Benutzung von Steinkohlen gerichtete neue Anlagen entstanden. Jetzt befinden sich in der Provinz Schlesien

85 Hohöfen, von welchen 69 mit Holzkohlen und 16 mit Koaks betrieben werden. Unter den letzteren sind jedoch einige erst im Bau begriffen. Zu der im Jahr 1839 in Schlesien statt gehabten Roheisenproduktion von 664,479 Centnern haben beigetragen

die Holzkohlenöfen 446,751 Centner
- Steinkohlenöfen 217,728

Von den 217,728 Centner Steinkohlenroheisen erfolgten 98,477 Centner von den landesherrlichen Hütten zu Gleiwitz und Königshütte, so dafs auf den Privathütten 109,251 Centner Steinkohlenroheisen gewonnen worden sind.

In Schlesien ist uns kein Besitzer eines Holzkohlenhohofens bekannt, der nicht zugleich Besitzer von eigenem Forste wäre, aus welchem er das Holz zum Betrieb seiner Hüttenwerke entnimmt, wenn auch hier und dort der Fall vorkommen mag, dafs er einen etwa erforderlichen Holzzuschufs aus fremden Forsten bezieht. Dies Verhältnifs der Hütten- und Forstwirthschaft in Schlesien ist sehr wesentlich und ganz abweichend von den Verhältnissen in den andern Provinzen in welchen das Holz von den Hüttenbesitzern immer aus fremden Forsten angekauft wird. In Schlesien hat dies Verhältnifs die Folge gehabt, dafs alle Besitzer von Waldungen, die sich bei einer nicht zu grofsen Entlegenheit von den Gruben, Eisenerze verschaffen konnten, ihr Holz durch den Hüttenbetrieb verwertheten, wenn sie es zu vortheilhafteren Preisen nicht verkaufen konnten. Zu einem solchen Verkauf fehlte die Gelegenheit, und erst in späterer Zeit hat das Holz — zum grofsen Theil durch den Hüttenbetrieb selbst veranlafst, — in Oberschlesien einen höheren Werth erhalten. Mufsten die Gutsbesitzer in früheren Jahren zufrieden sein, wenn sie sich durch den Hüttenbetrieb die Klafter Holz zu einem Reinertrage von 15 bis 20 Sgr. in Rechnung stellen konnten, so waren sie durch die steigenden Eisen-Preise in der neuesten Zeit so verwöhnt, dafs ihnen der Ertrag von 2 Thlr. für die Klafter als der niedrigste erschien, bei welchem die Verwerthung des Holzes durch den Eisenhüttenbetrieb überhaupt noch statthaft sei. Diesen Preis haben sie auch bei den von ihnen vorgelegten Selbstkostenberechnungen des Roh- und Stabeisens festgehalten; er würde nach ihrer Ansicht derjenige sein, für welchen der Staat und die sämmtlichen Consumenten in der Monarchie ihnen die Garantie zu leisten haben. Es gereicht unbezweifelt zum Wohl des Landes, wenn die natürlichen Erzeugnisse desselben zu guten Preisen einen Absatz finden, und wir möchten den frühern Zustand der Provinz am we-

11 *

nigsten aus dem Grunde einen günstigeren nennen, weil sich damals der Werth für eine Klafter Holz nur mit 15 bis 20 Sgr. berechnete, während er später bis auf 2 bis 3 Thlr. gestiegen ist, dafs aber der höhere Preis des Holzes, in Folge der Anträge der Hüttenbesitzer, durch künstliche Mittel erzwungen und festgestellt werden soll, würde eine Ungerechtigkeit gegen die Consumenten sein und die freie Entwickelung der Kräfte des Staates dauernd erschweren. Für Schlesien würden der Zoll auf Roheisen und ein erhöhter Stabeisenzoll nach den in jener Provinz bestehenden Verhältnissen, eigentlich als eine der ganzen Bevölkerung des Staates auferlegte Steuer betrachtet werden müssen, die den Zweck hat den Oberschlesischen Gutsbesitzern den Preis von 2 Thalern, als das Minimum des Preises, für welchen sie ihr Holz verwerthen können, zu garantiren.

Als die Preise des Roheisens in Schlesien wegen einer mangelnden Concurrenz mit fremdem Eisen und in Folge des stets wachsenden Bedürfnisses immer mehr gesteigert wurden, konnten die Consumenten sich nicht über den reichlichen Gewinn beschweren, der den Hüttenbesitzern durch den Betrieb ihrer Oefen zuflofs, denn die Preissteigerung war in natürlichen Verhältnissen begründet, der Betrieb der Hohöfen durch Eingangszölle auf fremdes Roheisen nicht geschützt oder bevorrechtet und die Hüttenbesitzer nicht verpflichtet eine Waare, deren Darstellung ihnen einen sehr bedeutenden Gewinn brachte, an die Consumenten zu einem anderen Preise zu überlassen, als zu demjenigen den der freie Handel darbot. Als sich aber die Consumenten seit dem Jahr 1840 selbst gegen reichliche Zahlung ihren Bedarf nicht mehr verschaffen konnten, war es ganz natürlich, dafs sie in ihrer Bedrängnifs eine Hülfe auswärts suchten, die ihnen, allerdings zum Nachtheil für die Schlesischen Hüttenbesitzer, zufällig zu einer Zeit zu Theil ward, wo Grofsbritanien, in Folge des Zusammentreffens mehrerer Verhältnisse, eine unerwartet wohlfeile Aushülfe gewähren konnte. Den Schlesischen Hüttenbesitzern war diese Aushülfe eine früher nicht gekannte und ganz unerwartete Erscheinung. Glaubten sie schon im J. 1839 zu einer Zeit der blühendsten Periode des Eisenhandels in Schlesien, sich durch einen dem fremden Roheisen aufzuerlegenden Eingangszoll, ein Monopol zur Versorgung der östlichen Provinzen mit Roheisen verschaffen zu dürfen, so schien es ihnen jetzt, dafs sie sich im vollen Recht zur Erlangung eines Schutzes befänden, um den unvermeidlichen Ruin ihres Gewerbes zu verhindern. Sie bedachten nicht dafs ihren Ansprüchen die gleichwerthigen der Consumenten gegenüber stehen, und dafs auch diesen das Recht zustehe, einmal von einer ihnen günstigen Conjunctur des Eisenhandels Vortheil zu ziehen, nachdem sie die ihnen nachtheiligen Conjuncturen lange genug getragen hatten.

Mit Recht besorgen die Schlesischen Eisenhüttenbesitzer, dafs die nun einmal eingetretene Concurrenz des britanischen Eisens mit dem Schlesischen zu einer allgemeinen Preiserniedrigung des Eisens wenigstens bis zu dem Zeitpunkt führen werde, wo wieder eine Ausgleichung der Consumtion mit der Produktion in Grofsbritanien eingetreten sein werde. Sie gehen in ihren Befürchtungen noch weiter, indem sie annehmen, dafs ihnen die Concurrenz mit dem britanischen Eisen nun auf immer verbleiben werde, indem es für die riesenhaften Etablissements in England und Schottland keine schwierige Aufgabe sei, die Produktionsmenge, welche Schlesien bis jetzt dargeboten habe, ebenfalls noch zu übernehmen, und dafs diese Concurrenz den Ruin ihrer Hüttenwerke nach sich ziehen müsse, weil durch den Eingang des fremden Eisens die Verkaufspreise so weit herabgedrückt werden würden, dafs sie dabei nicht bestehen könnten. Wenn wir es im Allgemeinen als ein Glück für die Gewerbe und für die grofse Menge der Eisenconsumenten betrachten müssen, dafs sich überhaupt noch eine Aushülfe durch den Eingang des fremden Eisens, das die inländischen Produktionskräfte nicht mehr herbeizuschaffen vermochten, gefunden hat und wenn auch wir der Meinung sind, dafs sich auf eine fortdauernde Concurrenz des fremden mit dem inländischen Eisen die Hoffnung begründen läfst, dafs dem Staat die Wohlthat niedrigerer als der bisherigen hohen Eisenpreise zu Theil werden könne; so sind wir doch weit entfernt, den Besorgnissen Raum zu geben, dafs sich der Schlesische Eisenhüttenbetrieb bei dem Schutz den ihm die jetzt bestehenden Zollsätze gewähren, in der Gefahr des gänzlichen Unterganges befinde. Wir verkennen es keineswegs, dafs die hohen Eisenpreise in der jüngst verflossenen Zeit Veranlassung zu einer starken Eisenproduktion in Schlesien gegeben haben, und dafs bei sinkenden Eisenpreisen sehr wahrscheinlich eine Verminderung der Roheisenproduktion eintreten werde. Aber wir glauben, dafs ein solcher Erfolg nicht als ein Ungemach oder als ein Unglück für die Provinz betrachtet werden könne, sondern dafs er zum Wohl für die Eisenproducenten selbst gereichen werde, indem die Anstrengungen der Hüttenbesitzer an den Vortheilen, welche die hohen Eisenpreise gewährten, nach Möglichkeit Theil zu nehmen, zu einer ansehnlichen Erhöhung der Produktionskosten, durch höhere Ankaufspreise und Anfuhrlöhne der

Eisenerze Veranlassung gegeben haben, und dafs nur die lockenden hohen Eisenpreise es gewesen sind, durch welche die Besitzer von Hüttenwerken, die ihrer geographischen Lage oder anderen Verhältnissen nach, nicht mehr an der Roheisenerzeugung Theil genommen haben würden, veranlafst gewesen sind, den Betrieb ihrer Hütten fortzusetzen oder demselben eine gröfsere Ausdehnung zu geben. — Wenn die Deputirten der Schlesischen Hüttenbesitzer der Meinung sind, dafs in Schlesien noch lange nicht die mögliche Produktionsgröfse für den Betrieb der Hohöfen erreicht sei, so läfst sich darauf entgegnen, dafs die Erhöhung der Produktion, nach ihrem eigenen Geständnifs, nur durch eine wesentliche Veränderung des jetzigen Zustandes, nämlich durch Bewilligung eines Schutzzolles ausführbar wird. Die Verkaufspreise des Roheisens stehen jetzt ungeachtet der Concurrenz mit dem britanischen Eisen immer noch bedeutend höher als vor einem halben Jahrhundert; wenn daher die Hüttenbesitzer, die damals mit Vortheil arbeiteten, jetzt den Ruin ihrer Etablissements besorgen, so kann der Grund nicht in den Arbeitsverhältnissen gefunden werden, sondern er mufs in den Produktionskosten zu suchen sein. Es ist uns kein Gewerbe bekannt, welches nach einer halbhundertjährigen Ausübung nicht zu geringeren Produktionskosten gelangt, und dadurch in den Stand gesetzt worden wäre, niedrigere Verkaufspreise durch verminderte Produktionskosten auszugleichen. Wenn nun das Eisenhüttengewerbe das einzige wäre, dessen Ausübung, bei mindestens gleichgebliebenen Verkaufspreisen des Produktes, mit Erfolg und mit Vortheil nicht mehr stattfinden könnte, obgleich es gerade in diesem Zeitraum ganz wesentliche, mit Verminderung der Produktionskosten verbundene Fortschritte gemacht hat, so würde das Fortbestehen eines solchen Gewerbes nicht mehr eine Wohlthat, sondern ein wahrer Unseegen für das Land sein, weil es den Keim des Verderbens so tief in sich trüge, dafs ein auf Unkosten aller Bewohner des Staates demselben zu gewährender Schutz nur von vorübergehendem Erfolge sein könnte, und bald eine neue Hülfe erforderlich werden würde.

Die von den Hüttenbesitzern vorgelegten Selbstkostenberechnungen ergeben indefs, dafs sich das Schlesische Eisenhüttenwesen keineswegs in einer so bedrängten Lage befindet, als sie dieselbe, um ihren Wünschen Erfüllung zu geben, geschildert haben. Schon oben haben wir bemerkt, dafs sich die Verkaufspreise des Holzkohlenofeneisens mit denen des Steinkohlenroheisens nicht vergleichen lassen; wir müssen hinzufügen, dafs gerade eine allgemeiner werdende Anwendung des Steinkohlenroheisens dahin führen wird, dem Holzkohlenroheisen einen gröfseren Werth zu geben, weil es dem Steinkohlenroheisen hinzugefügt, den Frischprocefs beschleunigt und die Güte des Stabeisens verbessert. Aufserdem wird ein nicht unbeträchtlicher Theil des Oberschlesischen Roheisens aus Erzen dargestellt, welche ein so vortreffliches Eisen liefern, dafs das englische mit demselben niemals in Concurrenz treten kann. Während sich also die Bilanz in der Einnahme überwiegend zu Gunsten des Schlesischen Eisens stellt, haben wir bei der durch die vorgelegten Selbstkostenberechnungen repräsentirten Ausgabe zu bemerken, dafs sich alle Ausgabensätze auf Preise beziehen, welche nur bei den stattgefundenen höchsten Verkaufspreisen des Roheisens in Ansatz kommen können. Diese Bemerkung bezieht sich vorzugsweise auf die Holzkohlen, worüber wir uns schon vorhin geäufsert haben, und auf die Eisenerze, welche zu den höchsten Preisen in Ausgabe gestellt sind, wie sie nur zur Zeit der stärksten Concurrenz bei der Roheisenfabrikation in Schlesien vorkommen. Da die Löhne seit 50 Jahren unverändert geblieben sind und die Nebenausgaben nur einen unbedeutenden Einflufs auf die Selbstkosten ausüben; so würde der Grund zu den seit 50 Jahren erhöhten Selbstkosten ganz allein in den erhöheten Erz- und Holzpreisen zu suchen sein. Diese Selbstkosten zu vermindern, hängt ganz von den Dispositionen der Hüttenbesitzer ab, und nur diejenigen Hüttenbesitzer welche nicht zugleich eigene Erzgräbereien besitzen, sondern ihre Erze ankaufen, würden die Folgen einer durch künstliche Mittel aufrecht erhaltenen Concurrenz der Schlesischen Hüttenwerke untereinander noch ferner zu empfinden haben. Die Deputirten der Schlesischen Hüttenbesitzer sind zwar nur um die Concurrenz mit dem englischen Roheisen und um die innere Concurrenz so wenig besorgt, dafs sie mit dieser letzteren sogar die Consumenten trösten und ihnen dadurch niederigere Eisenpreise versprechen. — Der Erfolg widerspricht jedoch einer solchen Erwartung, indem die vergröfserte innere Concurrenz bei der Oberschlesischen Eisenproduktion immer nur zur Erhöhung der Selbstkosten geführt hat, welches auch das endliche Resultat eines diesem Gewerbe zu gewährenden Schutzzolles sein würde, der folglich den Hüttenbesitzern selbst nicht einmal zu gute käme. Die innere Concurrenz wird nur durch verbesserte Arbeitsmethoden und durch sorgfältige und sachkundige Benutzung des Arbeitsmaterials und der Arbeitskräfte zu einer Verminderung der Fabrikationskosten und dadurch zu der Möglichkeit führen, die Verkaufspreise der Produkte zu Gunsten der Consumenten herabzusetzen; niemals wird aber die innere Concurrenz einen günstigen vielmehr jeder Zeit einen nachtheiligen Erfolg äufsern, wenn sie die Preise des Arbeitsmaterials steigert, wie es bei der Oberschlesischen Roheisenprodnktion der Fall ist, sobald sie die durch natürliche Verhältnisse bedingte Gränze überschreitet. Wenn sich die Hüttenbesitzer mit geringeren Vortheilen begnügen als das Eisenhüttengewerbe ihnen bisher gewährt hat, so wird die Concurrenz des englischen Eisens den schlesischen Holzkohlenhüttenwerken keine Gefahr bringen. Dagegen werden die Schlesischen Hüttenbesitzer eine ihnen sehr nachtheilige Concurrenz mit demjenigen Eisen zu bestehen haben, welches ostwärts auf der russisch-polnischen Gränze eingeht. Besondere Verhältnisse gestatten es den Hüttenbesitzern im Königreich Polen, das Eisen bei Holzkohlen zu sehr niedrigen Preisen darzustellen und da ein grofser Theil ihrer Hüttenwerke ganz hart an der schlesischen Gränze liegt, so wird der Eingang des Eisens an der östlichen Gränze sogar durch niedrige Transportkosten begünstigt. Bei solchen Verhältnissen würden wir es ganz gerechtfertigt finden, den Eingang des fremden Eisens auf einer Zolllinie von Neu-Berun bis Pogorcellicz an der Warthe durch eine Eingangsabgabe, als durch eine lokale Ausnahme zu erschweren.

Anders als mit dem Holzkohlenroheisen könnte es sich mit dem Steinkohlenroheisen verhalten. Das Beispiel auf den landesherrlichen Etablissements zu Gleiwitz und Königshütte zeigt zwar, dafs das oberschlesische Steinkohlenroheisen die Concurrenz mit dem schottischen sehr wohl bestehen kann; wir müssen aber zugeben, dafs beide Etablissements sich in der günstigen Lage befinden Steinkohlen anzuwenden, die wahrscheinlich zu den für die Eisenfabrikation am mehrsten geeigneten in Oberschlesien gehören. Eben so müssen wir entschieden den Vorwurf zurückweisen, dafs es den Besitzern der Steinkohlenöfen in Oberschlesien an Einsicht, Thätigkeit und gutem Willen fehle, sich mit den Fortschritten in der Technik des Eisenhüttenwesens bekannt zu machen und diese in Anwendung zu bringen. Die Steinkohlen sowohl als die Eisenerze Oberschlesiens sind von durchaus ungünstigerer Beschaffenheit als die englischen und schottischen, und es ist gar nicht unwahrscheinlich, dafs diese Nachtheile durch den Vortheil nicht vollständig aufgewogen werden, welcher für die schlesischen Steinkohlenofenbesitzer durch die Kosten des Transportes des schottischen Roheisens aus Grofsbritanien nach Schlesien erwächst. Die Preise der Steinkohlen sind in Oberschlesien noch niedriger als in England, eine

Ermäſsigung ist nicht ausführbar und ein Erlaſs aller Bergwerksabgaben, — welcher zunächst auch nur den Kohlengrubenbesitzern zu Gute kommen würde, — kann im günstigsten Fall nur den Erfolg haben, daſs sich die Selbstkosten des Roheisen um 1½ Sgr. für den Centner vermindern. Wir können daher nicht die Hoffnung hegen, daſs das Schlesische Steinkohlenroheisen mit dem schottischen, in so ferne sich die Verkaufspreise des letztern nicht wieder heben sollten, zu concurriren vermöchte. Bei so ungünstigen natürlichen Verhältnissen wird es sich aber nicht rechtfertigen lassen einen Betrieb der Hohöfen bei Steinkohlen in Oberschlesien durch einen Schutzzoll erzwingen zu wollen, unter dessen Druck die sämmtlichen Gewerbe und die ganze Bevölkerung der Monarchie zu leiden haben würden. Die Besitzer der jetzt schon vorhandenen Etablissements werden die Folgen ihrer auf Gewinn und Verlust unternommenen Spekulation zu tragen haben und ihr Produkt, welches sie im rohen Zustande ohne Verlust nicht in den Handel bringen können, zu Stabeisen verarbeiten müssen, um auf diese Weise zum Genuſs des ihnen durch den Zolltarif gewährten Schutzzolles zu gelangen.

Das Schlesische Stabeisen ist von seinen hohen Preisen sehr wenig zurückgegangen und die Deputirten der Schlesischen Hüttenbesitzer räumen selbst ein (7. Frage, Prot. vom 21. April) daſs sie mehr über einen Mangel an Absatz als über ein offenbares Sinken der Eisenpreise zu klagen hätten. Auch im Eisenhandel kamen periodisch Stockungen vor und wir können unmöglich glauben, daſs die jetzige Periode von langer Dauer sein werde. Dagegen hegen wir die Hoffnung, daſs die Concurrenz mit dem englischen Stabeisen wirklich dahin führen werde, dem Lande etwas niedrigere Stabeisenpreise zu verschaffen, deren die inländische Industrie durchaus bedarf, wenn sie mit den englischen, durch die niedrigsten Eisenpreise in der Welt begünstigten Fabriken concurriren soll. — Wir haben oben schon angeführt, daſs nur das ganz gewöhnliche englische Stabeisen in den Handel gekommen ist, daſs dasselbe wegen seiner geringen Güte nur zu bestimmten Zwecken verwendet werden kann, daſs mit dem besseren englischen Stabeisen das inländische stets concurriren wird und daſs die inländische Stabeisenfabrikation daher bei dem bestehenden Schutzzoll von der Concurrenz mit dem englischen Stabeisen nichts weiter zu befürchten hat, als daſs die Eisenpreise etwas sinken werden. Ist ein solcher Erfolg überhaupt als eine groſse Wohlthat anzusehen, so wird er auch für die Eisenhüttenbesitzer keinen anderen Nachtheil haben, als daſs er sie nöthigt mit einem geringeren Vortheil vorlieb zu nehmen. Die von den Deputirten vorgelegten Selbstkostenberechnungen ergeben, dafs eine grofse Ermäfsigung derselben eintreten wird, wenn man das Roheisen nicht zu den jetzigen übermäfsig hohen Verkaufspreisen und die Holzkohlen nicht nach den Preisen von 2 Thalern für die Klafter Holz in Ansatz bringt. Auch bei den Frischhütten haben sich die Löhne seit 50 Jahren durchaus nicht geändert und wir können die Klagen der Hüttenbesitzer, dafs sie durch die Concurrenz mit dem englischen Stabeisen in einen grofsen Nothstand gerathen wären oder gerathen könnten, durchaus nicht für begründet erachten, wenigstens so lange nicht als die Preise des englischen Eisens nicht noch bedeutend tiefer sinken sollten, als sie jetzt stehen, welches kaum zu erwarten ist.

Grade die Hüttenbesitzer in der Provinz Schlesien haben von der Concurrenz mit neu entstehenden Etablissements, deren Zweck dahin gerichtet ist, Schottisches in Verbindung mit inländischem Roheisen zu Stabeisen zu verfeinern, am wenigsten zu fürchten, weil das inländische Steinkohlenroheisen wenigstens in Oberschlesien selbst, die Concurrenz mit schottischem Roheisen jederzeit bestehen wird. Wäre in Oberschlesien aber ein Etablissement vorhanden, welches auch diese Concurrenz nicht auszuhalten vermöchte, so würde der Besitzer wenig Umsicht bei der Anlage bewiesen und zu sehr auf ewig dauernde hohe Eisenpreise gerechnet haben. Dafs solche Etablissements aber auf eine besondere Berücksichtigung des Staates nicht Anspruch machen können, bedarf der Erwähnung nicht.

In der Lausitz stehen die Eisenpreise fortwährend so hoch, dafs ein bedeutendes Sinken derselben wegen der dort, durch die Schwierigkeit des weiten Landtransportes sehr wenig wahrscheinlichen Concurrenz mit englischem und schottischem Eisen, kaum zu hoffen ist. Sollte durch erhöhten Schutzzoll das Eisen in seinem jetzigen hohen Preisen erhalten werden, so würde man vielmehr darauf bedacht sein müssen, Maafsregeln zu ermitteln wie man der Lausitz wohlfeileres Eisen verschaffen könnte.

Auch für die Provinz Sachsen wird es eine grofse Wohlthat sein, wenn die schiffbare Elbe Veranlassuug zur Errichtung von Giefsereien und Puddlingsanlagen im Magdeburgischen geben sollte, wie wir weiter auszuführen nicht nöthig zu haben glauben, indem die wenigen Hüttenwerke in der Provinz das Bedürfnifs derselben nicht befriedigen können, auch mehre dieser Hüttenwerke bei den in den letzten Jahren gestiegenen Holzpreisen, so ungünstig situirt sind, dafs sie bei den grofsen Produktionskosten, ungeachtet der hohen Eisenpreise, kaum mehr mit Gewinn betrieben werden können. Nicht allein in der Provinz Sachsen, sondern auch in allen andern Provinzen der Monarchie wo Eisen dargestellt wird, finden sich Hüttenetablissements, die vor 50 oder 100 Jahren ganz günstig situirt waren, es jetzt aber nicht mehr sind, weil wesentliche und unvermeidliche Veränderungen in den Holzpreisen eintraten. Solchen Etablissements ist in keiner Art zu helfen, denn sie können den Wirkungen neu entstehender Anlagen, denen werthvollere oder mit geringeren Kosten zu verarbeitende Materialien zu Gebot stehen, niemals entgehen.

In die Provinzen Brandenburg und Posen, in welchen — mit Ausnahme einiger Landesherrlicher Etablissements mit einer wenig bedeutenden Produktion, — kein Eisenhüttenbetrieb stattfindet, wird das Schlesische Stabeisen nach wie vor einen Eingang finden und durch die Concurrenz mit dem gewöhnlichen englischen Stabeisen keineswegs verdrängt werden, obgleich wir hoffen, dafs diese zu wohlfeileren Preisen Veranlassung geben wird. Dagegen wird, wenn die Preisverhältnisse des schottischen Roheisens bleibend sein sollten, das Schlesische Steinkohlenroheisen seinen Markt in diesen Provinzen verlieren, indem sich die Giefsereien mit dem wohlfeileren schottischen Roheisen versorgen werden. Für die durch das steigende Bedürfnifs dringend erforderliche Ausdehnung des Giefsereienbetriebes kann es nur wünschenswerth sein, dafs Schottland nicht aufhöre, diesen Provinzen ein wohlfeiles Material zu liefern, und Schlesien hat um so weniger einen Anspruch darauf zu machen für sein Rohprodukt hier ferner einen Absatz zu finden, als dasselbe in jener Provinz selbst zweckmäfsiger zu Gufswaaren und zu Stabeisen verwendet werden wird.

Selbst für die Provinz Pommern wird das Schlesische Stabeisen fortwährend einen Markt behalten und nur mit geringeren Vortheilen als bisher dahin gesendet werden. Hat es in Stettin sogar mit dem schwedischen Stabeisen, von welchem kein Heruntergehen im Preise bekannt geworden ist, immer concurriren können, so wird es diese Concurrenz, wofern sich die schlesischen Hüttenbesitzer zu einer Preisermäfsigung bequemen werden, in der Folge um so mehr bestehen. Schlesisches Steinkohlenroheisen ist bisher in sehr unbedeutender Menge (nach Torgelow) in Pommern eingeführt und dieser Absatz wird wahrscheinlich in der Folge nicht mehr stattfinden, vielmehr ist zu hoffen, dafs an der Seeküste Anlagen zur Verfeinerung des fremden Roheisens entstehen werden. In Hinterpommern (Reg.-Bez. Cöslin) haben sich bereits mehrere Frischhütten etablirt, welche fremdes Roheisen und seewärts eingehendes altes Eisen bei Holzkohlen zu Stabeisen verfrischen. Diese erst im Entstehen begriffene Industrie, würde sogleich ihren Untergang finden, wenn das fremde Roheisen mit einem Eingangszoll belegt werden sollte. Etablissements gröfserer Art werden sich hoffentlich ausbilden, sobald die Ueberzeugung feststeht, dafs es nicht die Absicht sein könne ein Material, dessen weitere Verbreitung im Lande schon jetzt mit Erfolg stattfindet, mit einer Eingangsabgabe zu belegen.

Ungleich wichtiger als in Hinterpommern, ist dieser neue Industriezweig seit wenigen Jahren in der Provinz Preufsen geworden, die, wegen ihrer Entlegenheit von Schlesien zum gröfsten Theil auf schwedisches Eisen angewiesen war.

In den Regierungsbezirken Königsberg, Danzig und selbst Marienwerder hat die Zahl der Frischhütten, welche seewärts eingehendes Roheisen und altes Brucheisen verarbeiten, so zugenommen, dafs im verflossenen Jahr wahrscheinlich schon über 50,000 Centner Stabeisen dargestellt sein werden. Ein Roheisenzoll würde zu grofsen und gerechten Klagen in jener Provinz Veranlassung geben. Auch Giefsereien sind jetzt in Stettin, Danzig und Königsberg im Entstehen begriffen; ein Roheisenzoll zu Gunsten der Oberschlesischen Hüttenbesitzer würde diese eben aufkeimende Industrie sogleich vernichten und die damit in Verbindung gesetzte Erhöhung des Einfuhrzolles auf Stabeisen dürfte als die gröfste Ungerechtigkeit gegen die Consumenten in der Provinz Preufsen betrachtet werden müssen.

In mehreren Landestheilen der westlichen Provinzen findet ein uralter Eisenhüttenbetrieb statt und es ist bekannt, dafs die Siegenschen und Sayn'schen Landestheile fast nur auf diese Industrie angewiesen sind. Die Eisenhüttenwerke in der Eiffel und auf dem Hunsrück befinden sich in der That in einer bedrängten Lage. Aus dieser Bedrängnifs können sie aber durch einen Roheisenzoll und durch eine Erhöhung des Stabeisenzolles nicht errettet werden. Die protokollarischen Verhandlungen mit den Deputirten der Rheinischen Hüttenbesitzer ergaben, dafs die Verkaufspreise für das Roheisen sowohl als für das Stabeisen stets im Steigen begriffen waren, dafs das englische Eisen, wegen seiner ungleich geringeren Güte, auch in der letzten Zeit keinen wesentlichen Einflufs auf die Verkaufspreise geäufsert hat, und dafs in jenen Provinzen durchaus kein Stocken des Eisenhandels eingetreten ist. Die Ursache der Bedrängnifs liegt also in den hohen Produktionskosten, und dies finden wieder ihren Grund in den aufserordentlich gestiegenen Holzpreisen. Eine gänzliche Befreiung der Eisenerze von den Bergwerksabgaben, worauf zuweilen ein grofser Werth gelegt worden ist, würde die Produktionskosten des Roheisens, wie das Rheinische Ober-Berg-Amt nachgewiesen hat, nur etwa um 1 Silbergr. pro Centner Roheisen vermindern. Eine zunehmende Concurrenz mit dem englischen Stabeisen wird zwar unbezweifelt zu einer Ermäfsigung der rheinischen Eisenpreise führen müssen, aber bei der vorzüglichen Güte dieses Eisens ist ein bedeutendes Sinken desselben nicht zu erwarten. Seit mehreren Jahren im Steigen begriffen, sollten die jetzigen Eisenpreise den Rheinischen Hüttenbesitzern einen ungleich gröfseren Gewinn gewähren als vor einigen Jahren; so ist es aber nicht, weil die Produktionskosten in einem gröfseren Verhältnisse gestiegen sind und dies Steigen der Preise würde durch einen erhöhten Eingangszoll auf Stabeisen allerdings zu Gunsten der Hüttenbesitzer befördert werden, aber zugleich das Mittel sein, die Provinz niemals zu mäfsigen Eisenpreisen gelangen zu lassen. Ein Eingangszoll auf das Roheisen wird für die Hüttenbesitzer, welche blos Roheisen zum Verkauf darstellen, keine andere Folge haben, als die inländische Concurrenz noch mehr zu befördern und die jetzigen Hüttenbesitzer in eine noch ungünstigere Lage zu bringen, weil die Unternehmer von neuen Hohofenanlagen ihren Hüttenwerken zweckmäfsigere und den veränderten Verhältnissen angemessen gewählte Punkte anweisen würden. Diese innere Concurrenz würde den Rheinischen Hüttenbesitzern daher noch nachtheiliger werden als den Schlesischen, weil den letztern wenigstens ein Theil der dadurch steigenden Selbstkosten für die höhere Verwerthung des Holzes aus eigenen Forsten wieder zu gute kommt. Diejenigen rheinischen Hüttenbesitzer, welche das selbst erzeugte Roheisen zu Gufswaaren verwenden oder für die Stabeisenfabrikation benutzen, wünschen einen Eingangszoll auf das fremde Roheisen, weil sie das Entstehen neuer Giefserei- und die Frischhütten-Anlagen besorgen, die sich des wohlfeilen fremden Roheisens als Material bedienen und zum Herabdrücken der Produktenpreise Veranlassung geben würden. Diese Besorgnifs ist allerdings ganz begründet, obgleich sie sich durch das aufserordentlich steigende Bedürfnifs der Provinz sehr vermindert. Hüttenanlagen, die vor einem halben Jahrhundert noch sehr günstig situirt waren und es jetzt in Folge der gestiegenen Holzpreise nicht mehr sind, können, wie wir vorhin schon bemerkten, den nachtheiligen Wirkungen ihrer Concurrenten niemals entgehen, aber noch weniger können sie verlangen, dafs, um ihre precäre Existenz zu fristen, den Consumenten des ganzen Staates eine neue Steuer auferlegt werde.

Ein Hohofenbetrieb bei Steinkohlen findet in diesem Augenblick in den Rheinprovinzen noch nicht statt, obgleich mehre Hüttenbesitzer sich schon eines Zusatzes von Koaks zu den Holzkohlen bedienen. Für diese würden bessere Transportstrafsen für die Steinkohlen oder Koaks von den Gruben zu ihren Hüttenanlagen von grofser Wichtigkeit sein. Eine solche Strafse, welche die Aufmerksamkeit der Regierung vorzüglich in Anspruch nehmen mufs, weil sie das Mittel darbieten wird, die Siegener Landestheile mit der Grafschaft Mark in Verbindung zu setzen, ist die Lenne-Strafse und wir müssen die Anträge der Deputirten der Rheinischen Hüttenbesitzer, diese Strafse bald zur Vollendung zu bringen dringend unterstützen.

Zu einer Anlage von Steinkohlenöfen in den Rheinprovinzen scheint uns Saarbrücken vorzugsweise geeignet zu sein, obgleich zu bedauern ist, dafs die günstigen natürlichen Verhältnisse Englands und Schottlands jenem Landestheile ebenfalls abgehen, indem die Benutzung der reichen Kohlenniederlagen zur Roheisenfabrikation durch den Umstand erschwert wird, dafs die Erze aus grofser Entfernung herbeigebracht werden müssen und aufserdem von den englischen und schottischen Eisenerzen, im Eisengehalt und im Verhalten bei der Reduktion weit übertroffen werden. Dagegen ist das fernere Gedeihen der Puddlingsfrischhütten in den Rheinischen Provinzen nicht zu bezweifeln und die freie Concurrenz mit dem britanischen Roheisen wird nur dazu führen, ihre Fabrikationskosten zu vermindern und das inländische zum Verkauf dargebotene Holzkohlenroheisen in seinem Werth zu erhalten.

Die Provinz Westphalen ist in den letzten Jahren mit dem Giefserei- und Frischhüttenbetriebe rasch vorgeschritten und sie darf eine steigende Entwickelung erwarten, wenn die Preise des Roheisens nicht durch Eingangszölle gesteigert werden, indem die Befriedigung des rasch zunehmenden Bedürfnisses von Gufswaaren und Stabeisen die Benutzung von fremdem Roheisen mit gebieterischer Nothwendigkeit erfordert, da die eigene Roheisenproduktion durchaus unzureichend ist, das Material für die Giefsereien und Stabeisenhütten herbeizuschaffen.

Aus unserem Vortrage wird sich, wie wir glauben überzeugt sein zu können, ergeben haben, dafs der inländischen Stabeisenfabrikation, durch die Concurrenz mit dem englischen Stabeisen kein Nachtheil erwachsen wird, indem das gewöhnliche englische Stabeisen nur eine beschränkte Anwendung findet, das bessere aber, mit Hinzurechnung des Schutzzolles nicht wohlfeiler als das inländische Stabeisen in den Handel gebracht werden kann. Eine Erhöhung des Eingangszolles für Stabeisen würden die Hüttenbesitzer, welche Roheisen produciren und dieses zu Stabeisen verarbeiten, auch nicht so dringend beantragt haben, wenn ihnen nicht ein Schutzzoll auf das Roheisen nothwendig geschienen hätte und sie durch diesen doppelten Antrag auch diejenigen Hüttenbesitzer, welche Stabeisen aus angekauftem Roheisen darstellen, in ein gemeinschaftliches Interesse zu ziehen bemüht gewesen wären. Diejenigen Hüttenbesitzer, welche die ganze Produktion ihrer Hohöfen zu Gufswaaren verwenden, sind bei einer Erhöhung des Eingangszolles für Stabeisen nicht betheiligt, wünschen aber einen Eingangszoll auf fremdes Roheisen um das Entstehen von Giefsereien, die sich des angekauften fremden Roheisens als Material bedienen würden, zu erschweren. Diejenigen Hüttenbesitzer endlich, welche ihre Hohöfen betreiben, um das Roheisen unmittelbar zu verkaufen, dringen vorzüglich nur auf einen Roheisenzoll um ihr Produkt zu höhern Preisen absetzen zu können, eine gleichzeitige Erhöhung des Stabeisenzolles ist ihnen aber auch recht, weil sie dann der Abnahme ihres Fabrikats durch die Frischhüttenbesitzer um so gewisser sein können. Bei der Eisenzollfrage dürfte es daher wesentlich nur darauf ankommen ob der Eingang des fremden Roheisens mit einem Zoll beschwert werden soll, indem alsdann die Frage um Erhöhung des jetzigen Zollsatzes von 1 Thaler für das Stabeisen von selbst beantwortet sein wird.

Dafs das inländische Holzkohlenroheisen eines Schutzes gegen das britanische Steinkohlenroheisen nicht bedarf, indem es durch dieses niemals verdrängt, sogar nicht einmal wesentlich im Verkaufspreise herabgedrückt werden kann, glauben wir in unserm Gutachten gezeigt zu haben. Wir glauben ferner dargethan zu haben, dafs sich durch die Besteuerung des fremden Roheisens die Preise der Materialien durch die gröfsere inländische Concurrenz noch mehr erhöhen würden, und dafs der Schutzzoll den Hüttenbesitzern nicht einmal zu gute kommen wird, insofern sie nicht selbst Besitzer von Forsten sind. Die Anreizung zu neuen, unter günstigeren örtlichen Verhältnissen entstehenden Anlagen wird durch einen Schutzzoll noch mehr hervorgerufen werden, und die Folge desselben wird für die jetzigen Hohenofenbesitzer dieselbe sein, als wenn kein Schutzzoll vorhanden wäre, indem ihre Produktionskosten um den Betrag des Schutzzolles steigen werden. Der Schutzzoll wird daher den Consumenten zur Last fallen ohne den Producenten einen wesentlichen Vortheil zu gewähren. Der Vortheil wird fast nur allein den Forstbesitzern zufallen und eine durchaus nicht wünschenswerthe Erhöhung der Holzpreise durch künstliche Mittel zur Folge haben.

Dagegen haben wir zugeben müssen, dafs das inländische Steinkohlenroheisen seinen Markt gegen das britanische Roheisen nicht behaupten wird, und dafs es nur am Erzeugungsort durch Benutzung zu Gufswaaren oder zu Stabeisen, die beide schon durch Eingangszölle geschützt sind, ohne Nachtheil mit den concurrirenden britanischen Roheisen verwerthet werden kann, so lange die Preise des letzteren nicht wieder steigen werden, so dafs für diese Art des inländischen Roheisens die für die Eisenproduktion in England und Schottland vorhandenen günstigeren natürlichen Verhältnisse, nur durch den bedeutenden Schutzzoll ausgeglichen werden können, den der Zolltarif der inländischen Eisenproduktion bereits gewährt. Da nur allein in Oberschlesien Steinkohlenroheisen dargestellt wird, so würde es als das höchste Unrecht gegen die ganze Bevölkerung des Staates betrachtet werden müssen, wenn zu Gunsten dieser wenigen, in der Hoffnung reichen Gewinnes durch dauernde hohe Eisenpreise angelegten Etablissements, dem Staat jede Aussicht auf eine erfolgreiche Ausdehnung des Eisengiefserei- und des Frischhüttenbetriebs genommen werden sollte.

Es kann daher nur noch die Frage entstehen, ob es in staatswirthschaftlicher oder politischer Hinsicht von besonderer Wichtigkeit sei, der Roheisenproduktion durch Hülfe eines Schutzzolles eine gröfsere Ausdehnung und dadurch eine Unabhängigkeit vom Auslande zu verschaffen?

Das Bedürfnifs für Gufswaaren und Stabeisen in der Monarchie ist in so steigender Progression vorhanden, dafs eine Unabhängigkeit von britanischem Roheisen nicht anders zu erlangen sein würde, als wenn fast jährlich eine neue Erhöhung des Eingangszolles auf fremdes Roheisen einträte, um die ärmeren Eisenerze und das im Preise steigende Holz zur Roheisenfabrikation verwenden zu können. Preufsen würde sich dann sehr bald in dem Falle befinden, so hohe Eingangszölle auf Roheisen legen zu müssen, dafs sie einer Prohibitivmaafsregel gleichkämen; es würde bei solchem System dasselbe Uebel erfahren, welches Frankreich sich durch den Einflufs des reichen Waldbesitzes zugezogen hat, und welches es jetzt zu spät bereut, es würde bei uns, wie in Frankreich ein vergebliches Bestreben sein, die künstlich gesteigerten Holz- und Eisenpreise wieder zu ermäfsigen. Ungleich wichtiger ist es, eine Unabhängigkeit vom Auslande für den Gufswaaren- und Stabeisenbedarf des Landes zu erlangen und diese kann nur erreicht werden, wenn Britanien fortfährt uns das wohlfeile Material ohne Ausgangszoll zu liefern und wenn wir die Herbeischaffung eines so dringenden Bedürfnisses durch unrichtig verstandenes Interesse nicht erschweren. — Alle Schutzzölle auf Luxus-Artikel mögen vollkommen gerechtfertigt sein, aber nicht die auf ein Material das im Lande zu werthvolleren Fabrikaten verarbeitet wird, welche zur Befriedigung der nothwendigsten und mit der wachsenden Bevölkerung so wie mit der fortschreitenden Gewerbthätigkeit täglich steigenden Bedürfnisse erforderlich sind. —

Wenn die Deputirten der Hüttenbesitzer zur Rechtfertigung ihres Antrages angeben, dafs sie den Roheisenzoll nur so lange verlangen, bis das Gewerbe hinreichend erstarkt sei, so fällt die Unhaltbarkeit eines solchen Vorgebens von selbst in die Augen. Durch Schutzzölle kann einem entstehenden Gewerbe allerdings Hülfe geleistet werden, es mufs dann aber von der Art sein, dafs es nicht die Vergröfserung dieser Hülfe zu seinem Fortbestehen erfordert, sondern vielmehr die Verminderung derselben zuläfst. Wenn es aber durch Schutzzölle noch hülfsbedürftiger wird und wenn es, selbst bei bedeutenden Fortschritten in der Technik, nicht wohlfeilere sondern immer theurere Fabrikate liefert, so steht der Werth der letzteren mit den Preisen der Materialien die es consumirt, nicht mehr in solchem Verhältniss, dafs die Erhaltung des Gewerbes durch Schutzzölle gerechtfertigt wird. Immer befördern die Schutzzölle Spekulationen und veranlassen die Anlegung von Kapitalien zu Zwecken, zu welchen sie nach den natürlichen Verhältnissen nicht verwendet werden sollten. Kann sich daher die Roheisenerzeugung bei Benutzung aller technischen Fortschritte und bei der durch den bestehenden Schutzzoll auf Gufswaaren und Stabeisen ausgeglichenen Ungleichheit der in anderen Ländern vorhandenen günstigeren natürlichen Verhältnisse, in ihrem ganzen jetzigen Umfange nicht erhalten, so ist es für das Gewerbe selbst erspriefslicher, dasselbe allmählich und nach und nach in seine natürlichen Gränzen zurückgehen zu lassen, als es zum Nachtheil des Staats durch Schutzmittel in der jetzigen Ausdehnung zu erhalten, bei stets steigenden Produktionskosten zu seinem plötzlichen Verfall dadurch den Grund zu legen und dem Staat die Sorge für die dann arbeitslos werdende durch die künstliche Vermehrung des Gewerbes zur Ungebühr gestiegene Bevölkerung zu überlassen. Es kann nicht wünschenswerth sein, unter solchen Verhältnissen den bisherigen Umfang der Roheisenproduktion oder wohl gar eine noch gröfsere Ausdehnung derselben durch einen Einfuhrzoll auf das Roheisen zu erzwingen, weil das Mifsverhältnifs zwischen dem Werth des Produkts und den Preisen der Materialien dadurch befördert, das Fortschreiten des Giefserei- und Frischhüttenbetriebes gelähmt und die Aussicht aut wohlfeilere Eisenpreise dem Lande auf immer entzogen werden würde. Der, unter solchen Umständen einem hülfsbedürftigen und in dieser Hülfsbedürftigkeit immer zunehmenden Gewerbe, ertheilte Schutz, wird demselben immer zugewendet bleiben müssen und sollte die Staatsverwaltung durch nicht vorauszusehende Rücksichten genöthigt sein, dem Gewerbe diesen Schutz entziehen zu wollen, so würde diese Maafsregel einen unvermeidlichen und plötzlichen Verfall desselben zur Folge haben, die Beschwerde der Gewerbetreibenden dann aber gerechtfertigt sein, dafs sie auf den Grund des ihrem Gewerbe gewährten Schutzes zu neuen Anlagen oder zur Ausdehnung der Vorhandenen verleitet worden wären. Handelte es sich bei der Besteuerung des Roheisens darum, ob ein dem Gewerbe der Roheisenproduktion schon gewährter Schutzzoll wieder zurückgenommen werden solle, so würden wir Bedenken tragen, den Antrag jetzt zu unterstützen. Aber noch bedenklicher erscheint es uns, einen noch nicht vorhandenen Schutzzoll für ein Gewerbe einzuführen, welches von jeher ohne denselben bestanden, welches in seiner Technik unläugbar Fortschritte gemacht hat, welches seine Produkte zu sehr günstigen Preisen absetzt, und welches weniger durch die Concurrenz mit dem ausländischen, als durch die mit dem eigenen inländischen Gewerbebetriebe leidet, indem es um so theurer producirt, jemehr sich das Gewerbe ausdehnt. Wir können nicht der Ansicht sein, diesen nachtheiligen Erfolg durch einen Schutzzoll zu befördern, sondern halten es für eine unabweisbare Nothwendigkeit, dem Gewerbe den freien und durch die natürlichen Verhältnisse bedingte Fortgang zu lassen. Es kann nicht fehlen, dafs dabei auf manchen Hüttenwerken, deren örtliche Verhältnisse im Laufe der Zeit ungünstig geworden sind, der Betrieb wird eingestellt und auf andern vermindert werden müssen; allein dies sind Fälle die überall und zu jeder Zeit unvermeidlich bleiben, und welche abzuändern so wenig in der Macht der Verwaltung liegt, dafs alle Maafsregeln, welche zur Erhaltung solcher leidenden Etablissements ergriffen werden möchten, nur dahin führen können, ihren etwas verzögerten Untergang unter ungleich drückenderen Verhältnissen zu veranlassen. Aeltere und minder vollkommene Einrichtungen müssen überall und zu jeder Zeit den neueren und vollkommneren weichen und jene können um so weniger eine besondere Berücksichtigung erlangen, je weniger es erweisbar ist, daſs sie ohne Begünstigungen fortbestehen werden, wie wir es bei der inländischen Roheisenproduktion gezeigt zu haben glauben.

Da wir also den von den Hüttenbesitzern vorgestellten Nothstand ihres Gewerbes ebensowenig verkennen, als in den jetzigen Verhältnissen des Eisenhandels eine Veranlassung finden können, uns für einen Schutzzoll auf das Roheisen und für einen erhöhten Zoll auf das Stabeisen zu verwenden, so tragen wir darauf an, für die nächst folgende 3jährige Zolltarifs-Periode pro 1843—1845 die Eisenbesteuerungssätze des jetzigen Tarifs im Allgemeinen beizubehalten, jedoch mit folgenden näheren Bestimmungen:

1. Zu 6*a*:

Der Ausfuhrzoll für das Roheisen wird an allen Zollgränzen der Monarchie aufzuheben sein.

Die Einfuhr des Roheisens auf der Zolllinie von Neu-Berun bis Pogarzellicz wird mit einem Eingangszoll von 10 Silbergroschen pro Centner belegt.

2. Zu 6*b*:

Wird hinzuzufügen sein: Luppeneisen.

Es hat sich zwar bei den Verhandlungen mit den Eisenhüttenbesitzern noch nicht mit Zuverlässigkeit ergeben, daſs wirklich Luppeneisen (gefrischtes Eisen in der Gestalt von Luppen oder Kuchen) zollfrei eingeführt worden wäre, weil man es auf den Zollgränzen für Roheisen gehalten, indeſs kann die Einfuhr des Luppeneisen welches zur Blechbereitung angewendet wird, sehr leicht in der Folge vorkommen, weshalb es nothwendig wird, diese Eisensorte im Tarif speciell mit aufzuführen.

3. Zu 6*c*:

statt „feinen" würde zu setzen sein: „besonderen," indem nicht alle feinen Sorten welche unter den Streck- und Schneidewerken dargestellt werden, zu der Position

6*c* sondern zum Theil zu der Position

6*b* gehören.

In dem amtlichen Waaren-Verzeichniſs sind die Dimensionen für diejenigen Sorten von Flacheisen, Quadrateisen, Rundeisen und vierkantigem Eisen, welche zu 6*c* gehören speciell angegeben. Es ist darin aber noch ferner aufgeführt: façonirtes Eisen in Stäben, ohne Rücksicht auf die Dimensionen der Breite und Dicke (mit Ausschlufs der Eisenbahnschienen). Es hat sich im Lauf der letzten Tarifperiode herausgestellt, dafs diese Bestimmung zu weit führt, indem Eisen, welches seinem Werth in seiner Bereitung nach nothwendig zu 6 *b* gehört, blofs der äufseren Form wegen zu 6 *c* gerechnet worden ist. Wir tragen daher darauf an, das façonirte Eisen im amtlichen Waaren-Verzeichnifs nicht weiter aufzuführen, dagegen aber aufzunehmen:

> dafs zur Position 6 *c* auch geschmiedetes Eisen in Stäben von 14 Quadratzoll Preufs. Querschnittsfläche und darüber gehören solle.

Diese Sorten erfordern wegen der Schwierigkeit und Kostbarkeit der Anfertigung eine ungleich gröfsere Berücksichtigung als die feinsten Eisensorten. — Wir bringen die Dimension von 14 Quadratzoll und nicht eine schon etwas geringere, deshalb in Antrag, damit Kolbenstangen und geschmiedete Wellen bis zu 4 Zoll im Durchmesser, welche von den Fabrikanstalten sehr häufig angewendet werden, noch zu dem Zollsatz von 1 Thaler pro Centner eingeführt werden können.

Endlich beantragen wir dafs zu 6 *c* noch hinzugefügt werde:

> vorgeschmiedetes, nämlich das nach dem Walzen noch unter dem Hammer bearbeitete Eisen,

wozu z. B. Kurbeln, Axeisen und alle Eisensorten gehören, welchen durch eine Bearbeitung unter dem Hammer, nach dem Walzen, diejenige Form gegeben werden mufs, in welcher sie als Materialeisen eingeführt werden.

Zuletzt müssen wir den Antrag der Deputirten der Rheinischen Hüttenbesitzer dringend unterstützen, dafs die Fortsetzung der Lennestrafse in das Siegensche auf jede thunliche Weise befördert werden möge.

Karsten, Apotheker in Neubrandenburg †
verm. mit ? geb. Thiel aus Güstrow †
Kinder:

*A.* Wenzeslaus Johann Gustav, Professor in Halle, geb. 15. Dec. 1732 in Neubrandenburg † 17. April 1787 in Halle, verm.:
1) mit C. M. C. Kämpfer †
2) mit Sophie Charl. Wolfrath †
Kinder:

*a)* Dietrich Ludwig Gustav, Staatsrath in Berlin, geb. 5. April 1768 in Halle † 21. Mai 1810 in Berlin, verm. mit
Amalie Maue, verehl. Engel †
Kinder:

*aa)* Amalie, verehl. Brose in Berlin †
*bb)* Marianne, verehl. v. Bardeleben in Cassel

*b)* ? verehl. Gren †

*B.* Christian Heinrich, Elbzolldirektor in Boizenburg, geb ? † 1815
verm. mit ?
Kinder:

*a)* Wilhelm, Gerichtssekretair in Boizenburg †
*b)* Georg, Elbzolldirektor in Boizenburg †
*c)* Christian †
*d)* Ludwig †
*e)* ? verehl. Mussaeus in Boizenburg
*f)* Marianne, verehl. ? in Hamburg

*C.* ? nach dem Cap der guten Hoffnung ausgewandert
| Descendenz?

*D.* ? verehl. Schröder in Güstrow †

*E.* ? verehl. Kaplunger in Ludwigslust †

*F.* ? verehl. Kohrz in Petersburg ? †

*G.* Franz Christian Lorenz, Geh.-Hofrath und Professor in Rostock,
geb. 3. April 1751 in Pohnsdorff
† 28. Febr. 1829 in Neuenwerder bei Rostock
verm. mit Lisette Engel † 24. März 1834
Kinder:

*a)* Jacob Christian Gustav, Gerichtsrath in Schönberg
geb. 23. Aug. 1781
verm. 1) mit Caroline Tiedemann †
Kind:
*aa)* Elise, verehl. Marsch in Demarn †
2) mit Caroline Müller †
Kinder:
*aa)* Gustav, Gutsbesitzer auf Gr. Ridsenow,
geb. 29. April 1819
verm. mit Betty Mecklenburg
Kinder:
*aaa)* Clara
*bbb)* Hermine
*bb)* Hermine, verehl. Burmeister †
*cc)* Hermann
*dd)* Carl

*b)* Carl Johann Bernhard, Geh.-Ober-Bergrath in Berlin,
geb. 26. Nov. 1782 in Bützow
† 22. Aug. 1853 in Berlin
verm. mit Adelaide Rosenstiel geb. 1. März 1788
Kinder:
*aa)* Hermann, Professor in Rostock,
geb. 3. Sept. 1809 in Breslau
verm. mit Theodore Berg
Kinder:
*aaa)* Adele
*bbb)* Karl
*ccc)* Gustav
*ddd)* Marie
*eee)* Hermann
*fff)* Clara
*bb)* Marie, verehl. Rosenstiel in Berlin
*cc)* Emilie, verehl. Beseler in Greifswald
*dd)* Gustav, Professor in Kiel,
geb. 24. Nov. 1820 in Berlin

verm. mit Elise Caroline Prössel
Kinder:
*aaa*) Lida
*bbb*) Emma
*ccc*) Marie
*ee*) Lorenz, Assessor in Waldburg, geb. 1. März 1825
*c*) Lisette, verehl. Albrecht in Danzig
*d*) Christian, Kanzleirath in Stralsund, geb. 14. Oct. 1785 †
verm. 1) mit Dorette Cierow †
Kinder:
*aa*) Franz
verm. mit Caroline Karsten
Kinder:
*aaa*) Karl
*bbb*) Rudolph
*bb*) Charlotte
*cc*) Luise, verehl. Meier in Lauenburg
*dd*) Hermann
*ee*) Helene, verehl. Häring in Stralsund
*ff*) Rudolph
2) mit Caroline Lorenz
Kind:
*aa*) Dorette, verehl. Pfeiffer in Wisconsin
*e*) Detlof Ludolph Eobald, Regierungsrath in Berlin, geb. 17. Dec. 1787
verm. mit Mathilde Lockstaedt
*f*) Sophie †
*g*) Georg †
*h*) Heinrich Lorenz Jacob, Präpositus in Vilz, geb. 1. Dec. 1792
verm. 1) mit Christine Michaelis
Kinder:
*aa*) Achim, Pastor in Reinshagen,
verm. mit Marie Engel
Kinder:
*aaa*) Agnes
*bbb*) Albert
*ccc*) Hermann
*bb*) Mathilde, verehl. Behm

cc) Albert †
dd) Marie, verehl. Behm
2) mit Johanna Zander
i) Friedrich Franz, Dr. jur. in Rostock,
geb. 8 Febr. 1796 † 16. Octob. 1833 in Berlin
verm. mit Mathilde Engel †
Kinder:
aa) Franziska, verehl. Strecker
bb) Mathilde, verehl. Tesmer
k) Margarethe, geb. 2. Sept. 1800
l) Hermann Rudolph Adolph Jacob, Superintendent in Schwerin,
geb. 26. Mai 1801
verm. mit Friederike Thoms
Kinder:
aa) Agnes, verehl. Henck
bb) Lorenz
cc) Auguste.

www.ingramcontent.com/pod-product-compliance
Lightning Source LLC
LaVergne TN
LVHW042242300926
849161LV00003B/443